U0207399

酱香型白酒特用高粱
有机种植技术

Jiangxiangxing Baijiu Teyong Gaoliang Youji Zhongzhi Jishu

王小波 / 主编

贵州科技出版社

图书在版编目（CIP）数据

酱香型白酒特用高粱有机种植技术 / 王小波主编 .
-- 贵阳 : 贵州科技出版社 , 2017.12（2019.9 重印）
ISBN 978-7-5532-0623-3

Ⅰ . ①酱… Ⅱ . ①王… Ⅲ . ①高粱—栽培技术 Ⅳ .
① S514

中国版本图书馆 CIP 数据核字 (2017) 第 309622 号

出版发行	贵州科技出版社
地　　址	贵阳市中天会展城会展东路 A 座（邮政编码：550081）
网　　址	http://www.gzstph.com　　http://www.gzkj.com.cn
出 版 人	熊兴平
经　　销	贵州省新华书店
印　　刷	贵阳德堡印务有限公司
版　　次	2017 年 12 月第 1 版
印　　次	2019 年 9 月第 2 次
字　　数	120 千字
印　　张	4.75
开　　本	889 mm × 1194 mm　　1/32
书　　号	ISBN 978-7-5532-0623-3
定　　价	28.00 元

天猫旗舰店 : http://gzkjcbs.tmall.com

《酱香型白酒特用高粱有机种植技术》
编辑委员会

前　言

　　西南地区是中国酱香型白酒的集中生产区域，特别是沿赤水河流域，更是聚集了以茅台酒、习酒、郎酒、珍酒、金沙回沙酒等为代表的众多知名酱香型白酒。在遵义、泸州、宜宾所构成的中国白酒金三角，其白酒产能和产值在中国白酒版图上举足轻重。随着酱香型白酒越来越被更多的消费者所接受，进而喜欢，酱香型白酒这个特殊的产品及其关联产业在各级政府的重视下蓬勃发展。

　　高粱是酱香型白酒生产的主要原料，其品质直接决定着白酒的品质。随着社会的不断发展进步，人们的生活水平在不断提高，消费者对食品的要求已从最初的常规食品发展到无公害食品、绿色食品、有机食品。为进一步提升白酒品质，以贵州茅台酒为典型代表的酱香型白酒，在十多年前就开始使用有机原料进行白酒酿造。在经历过白酒行业的深度调整之后，更多的酱香酒生产企业更加注重产品品质，开始在酿酒原粮品质上下功夫。

　　做好白酒原粮生产及研究工作，就是

为白酒产业健康发展打好坚实基础。在"十二五"国家科技支撑计划《杂粮高效生产关键技术研究与示范》项目子课题《酱香型特用高粱有机栽培技术研究与示范》的支持下，贵州省农业科学院旱粮（高粱）研究所联合贵州大学农学院、四川省农业科学院泸州水稻高粱研究所、仁怀市有机农业发展中心、习水县有机农业发展服务中心、金沙县有机高粱产业化生产经营办公室开展相关研究工作，总结提炼出一套有机糯高粱的种植技术。现将其整理付印，旨为基层农技人员、种植农户在生产时与学习中提供参考，也供白酒企业开展高粱原粮基地建设时相关人员参阅。

书中基础知识多来自行业先驱、专家和学者们的著作与论述，特别是高粱病虫害防治部分，得到了辽宁省农业科学院植物保护研究所原副所长、博士生导师、国家高粱产业技术体系原病虫害防控岗位科学家徐秀德研究员的大力支持和指导。高粱大田有机种植技术，汇集了贵州茅台酒有机原料基地十多年来的经验总结，是广大基层农技工作者汗水和智慧的结晶，在此一并向他们致以崇高的敬意和衷心的感谢！

为了让读者更为直观地了解和掌握有机高粱从种到收全过程的技术要点，书中插入了大量图片。图片提供者除为部分编委外，还有辽宁省农业科学院的胡兰、徐婧、刘可杰，仁怀市农业局的袁弢，仁怀市粮油收储公司的曾庆书、刘平等，特此致谢！

由于编者学识水平有限，不当之处甚至错误在所难免，敬请广大读者批评指正。

编 者

2017 年 7 月

目　录

第一章　有机农业的概念

在农业生产中，传统的种植模式已经发生了很多改变，特别是在片面追求高产结果的驱动下，大量使用化肥、农药、生物调节剂，甚至使用转基因品种等已成常规手段。但是，从本质上讲，农业生产其实更应该是一个生态和谐的物质转化动态平衡过程。生态农业要求生产过程中既要促进生态保护，其生产又要依赖生态的有效支撑。有机农业是要求更为严格的生态农业，有机农业的严格要求主要针对的是农业生产方式。

一、有机农业

有机农业是遵照一定的有机农业生产标准，在生产中不使用化学合成的化肥、农药、生长调节剂、饲料添加剂等物质，不采用转基因工程获得的生物及其产物，遵循自然规律和生态学原理，协调种植、养殖业的平衡发展，采用一系列可持续发展的农业技术以维持持续稳定和谐的农业生产体系的一种农业生产方式。

有机农业的概念,于20世纪二三十年代首先在西方发达国家提出和倡导。1940年,英国植物学家霍华德出版了《农业圣典》,它是有机农业的开山之作,也是指导当今国际有机农业运动的经典著作之一。1945年,美国人罗代尔在宾夕法尼亚州创办了世界上最早的有机农场——罗代尔农场,农场一直倡导"健康的土地、健康的食品、健康的生活"理念。20世纪80年代后,一些发达国家开始重视有机农业,随着一些国际和国家有机标准的制定,并鼓励农民从常规农业生产向有机农业生产转变,这时有机农业的概念才开始被广泛接受。

有机农业的发展可以帮助解决现代农业带来的一系列问题,如:严重的土壤侵蚀和土地质量下降,农药和化肥大量使用给环境造成污染和能源的消耗,物种多样性减少,等等。同时,由于有机农业食品在市场上的价格通常比普遍产品高,因此发展有机农业有助于增加种植农民的收入。

有机农业与常规农业相比,具有以下特点:

(1)可以减轻环境污染,有利恢复生态平衡。目前化肥、农药的利用率很低,一般不超过50%,其余大量流入环境造成环境的污染。如:化肥大量进入江湖中造成水体富营养化;农药在杀灭病菌、害虫的同时,也增加了病虫的抗性,杀死了有益生物及一些中性生物,结果引起病虫再猖獗,使农药用量愈来愈大,施用的次数愈来愈多,进入恶性循环。然而,有机农业生产方式,对投入物质要求十分严格,可以减轻环境污染,有利于恢复生态平衡。

(2)可向社会提供无污染、安全环保的食品,有利于人民身体健康，减少疾病发生。化肥、农药的长期大量施用，在大幅度提高农产品产量的同时，不可避免地对农产品造成污染，给人类生存和生活留下隐患。目前，人类疾病的大幅度增加，尤其各类癌症的多发，无不与我们的环境污染密切相关。有机农业，不使用化肥、化学农药等，其产品食用就非常安全，且品质好，有利于保障人体健康。

（3）有利于提高我国农产品在国际上的竞争力。随着我国加入世贸组织，农产品进行国际贸易受关税调控的作用愈来愈小，但对农产品的生产环境、种植方式和内在质量控制愈来愈大，只有高质量的产品才可能打破壁垒，获得市场。有机农业产品是国际公认的高品质、无污染环保产品，因此发展有机农业，能大幅度提高我国农产品在国际市场上的竞争力。

（4）有利于增加农民收入，提高农业生产水平。有机农业是一种劳动密集型产业，需要大量劳动力投入，也需要大量科学技术的应用。有机食品在国际市场上的价格通常比普遍产品高出许多。因此，发展有机农业，可以增加农村就业，增加农民收入，提高农业生产水平，促进农村可持续发展，快速实现全面小康。

有机食品是来自有机农业生产体系，根据有机农业生产要求和相应的标准生产加工，通过独立的有机食品认证机构认证的一切农副产品，包括粮食、蔬菜、水果、奶制品、畜禽产品、蜂蜜、水产品等。所以，有机食品必须满足以下四个条件，即：原料来自于有机农业生产体系或野生天然产品；产品在整个生产加工过程中必须严格遵守有机食品的生产、加工、包装、贮藏、运输要求；生产者在有机食品的生产、流通过程中有完善的追踪体系和完整的生产、销售的档案记录；必须通过独立的有机食品认证机构的认证。

发展有机农业的四大原则：

发展有机农业，除了考虑食品安全、经济效益外，还应兼顾其他相应的原则。国际有机农业运动联盟（英文简称IFOAM）驻中国代表周泽江研究员认为，有机从业者只有坚持健康、生态、公平和关爱四大原则，才能有效推动有机农业稳步发展。

（1）健康原则。有机农业应当将土壤、植物、动物、人类和整个地球的健康作为一个不可分割的整体而加以维持和加强。

这一原则指出，个体与群体的健康是与生态系统的健康不可分割的，健康的土壤可以生产出健康的作物，健康的作物是健康的动物和健康的人类的保障。健康是指一个有生命的系统的统一性和完整性。健康不仅仅是指没有疾病，而是要维持系统的物质、精神、社会和生态利益。安全性、顺应性和可再生性是健康的关键特征。

有机农业在农作、加工、销售和消费中的作用，是维持和加强从土壤中最小的生物直到人类的整个生态系统和生物的健康。有机农业特别强调生产出高质量和富有营养的食品，为预防性的卫生保健和福利事业作出贡献。为此，应避免使用那些对健康会产生不利影响的肥料、农药、兽药和食品添加剂。

（2）生态原则。有机农业应以有生命的生态系统和生态循环为基础，与之合作、与之协调，并帮助其持续生存。

这一原则将有机农业植根于有生命的生态系统中，强调有机农业生产应以生态过程和循环利用为基础，通过具有特定的生产环境的生态来实现营养和福利方面的需求。对于作物而言，这一生态就是有生命的土壤；对于动物而言，这一生态就是农场生态系统；对于淡水和海洋生物而言，这一生态则是水生环境。

有机种植、有机养殖和野生采集体系应与自然界的循环与生态平衡相适应。这些循环虽然是常见的，但其情况却因地而异。有机管理必须与当地的条件、生态、文化和规模相适应；应通过再利用、循环利用和对物质及能源的有效管理，来减少投入物质的使用，从而维持和改善环境质量、保护资源。

有机农业应通过对农业体系的设计、提供生存环境和保持基因与农业的多样性，来实现生态平衡。所有从事有机产品生产、加工、销售，以及消费有机产品的人，都应为保护包括景观、气候、生物多样性、大气和水在内的公共环境作出贡献。

（3）公平原则。有机农业应建立起能确保公平享受公共环境和生存机遇的各种关系。公平是以对我们共有的世界的平等、尊重、公正和管理为特征的，这一公平既体现在人类之间，也体现在人类与其他生命体之间。

这一原则强调所有从事有机农业的人，都应当以一种能确保对所有层面和所有参与者（包括参与到有机农业中的所有农民、工人、加工者、分销者、贸易者和消费者）都以公平的方式来处理人际关系。这一原则强调应根据动物的生理和自然习性以及它们的福利，来提供其必要的生存条件和机会。应当以对社会和生态公正以及对子孙后代负责任的方式，来利用生产与消费所需要的自然和环境资源。公正要求生产、分配和贸易体系都是公开、公平的，并且将环境和社会的实际成本都计算在内。

（4）关爱原则。应当以一种有预见性的和负责任的态度来管理有机农业，以保护当前人类和子孙后代的健康和福利，同时保护环境。

有机农业是为满足内部和外部需求及条件而建立的一种有生命力和充满活力的系统。有机农业的实践者可以提高系统的效率和生产力，前提是不能因此而对健康和福利产生危害。为此，应对拟采取的新技术进行评估，对于正在使用的方法也应进行审核。对于在生态系统和农业方面的不完善理解，必须给予充分的关注。

这一原则强调，在有机农业的管理、发展和技术筛选方面，最关键的问题是实施预防和有责任心。科学知识是确保有机农业有利于健康、安全和生态环境的必要条件。然而，仅有科学知识是不够的。实践经验、积累的智慧以及传统与本土的知识等，都可以提供有价值的、经过时间验证的解决方案。有机农业应通过选择合适的技术和拒绝使用转基因工程等无法预知其作用的技术，来防止发生重大风险。有机农业管理者的决策应通过透明的和参与式的方法及程序，反映出所有有可能受到影响的方面的价值和需求。

二、有机地块

土地是农业生产的基本生产资料。建立理想的有机生产基地，必须建设好有机地块。有机农业虽是一种新的农业生产模式，但原则上能进行常规农业生产的地方都可以进行有机农业生产基地建设。选择地块时，一般应充分考虑其周边环境对有机农业生产基地建设所产生的潜在影响，要远离明显的污染源如化工厂、水泥厂、垃圾场、交通要道等，尽量减少相邻常规地块对有机农业生产地块的影响，如水的流入和施用农用化学品发生漂移对有机农业生产地块的影响等。有机地块与常规地块之间要设立明显的缓冲隔离带。

在常规地块上进行有机基地建设，必须经过一定的转换期，转换期一般不少于2年。转换期间，其生产方式必须严格按照有机生产的要求进行生产管理。通过生产管理方式的转换来恢复农业生态系统的活力，降低土壤农残含量等。经过转换期、通过独立的有机认证机构认证后的地块方为有机地块，可以进行有机生产。有机地块在开始转换时就要绘制相应的地块图建档管理，建立完善的质量跟踪审查体系，保证终端产品能够追踪到作物生产地块，从而保证产品有机质量的完整性。

三、有机认证

有机认证是有机农产品认证的简称。有机认证是一些国家和有关国际组织认可并大力推广的一种农产品认证形式，也是我国国家认证认可监督管理委员会（简称"国家认监委"，英文缩写CNCA）统一管理的认证形式之一。推行有机产品认证的目的，是推动和加快有机产业的发展，保证有机产品生产和加工的质量，满足消费者对有机产品日益增长的需求，减少和防止农药、化肥等农用化学物质和农业废弃物对环境的污染，促进社会、经济和环境的可持续协调发展。

按照国家质量监督检验检疫总局《有机产品认证管理办法》、国家认监委《有机产品认证实施规则》等法律法规和国家标准《有机产品》（GB/T19630），企业或农民专业合作社要想将自己的产品作为有机产品销售，必须通过有机认证。从事有机产品认证的机构必须获得国家认监委的批准。国家认监委网站上对获得批准的认证机构给予公布。只有获得国家认监委批准并公布的认证机构才是可从事认证活动的合法机构。

根据《中华人民共和国认证认可条例》《有机产品认证管理办法》《〈产品认证机构通用要求〉有机产品认证的应用指南》的要求，以及国际通行做法，有机认证程序一般都包括认证申请和受理（包括合同评审）、文件审核、现场检查（包括采样分析）、编写检查报告、认证决定、证书发放和证后监督等主要流程。

第二章　高粱的起源及生物学基础

高粱又名蜀黍、芦粟、木稷，是世界五大谷类作物之一，也是中国最早栽培的禾谷类作物之一。我国高粱种植面积较大的省（区）有内蒙古、辽宁、吉林、黑龙江、四川、山西、贵州、河北、甘肃等。

高粱的生物学产量和经济产量均较高，具有较强的抗旱、耐涝、耐盐碱特性和适应性，在平原、山丘、涝洼、盐碱地均可种植，属于高产稳产的作物。中国高粱生产，以粒用高粱为主，兼有饲用和能源高粱的栽培。生产实践证明，在干旱、半干旱地区，瘠薄、涝洼、盐碱地区和饲料基地发展高粱生产，既可利用其他作物适应不了的自然条件，又能收到投入少、收益高的效果。

一、高粱的起源与分类

（一）高粱的起源

高粱在世界的分布很广泛，形态变异多，非洲、印度和中国都是高粱多态性丰富的地区。关于高粱的起源地，迄今尚无一致结论。多数学者认为，高粱原产于非洲，经驯化后先传入印度，后传入我国及远东。

由于中国高粱有许多特征特性与非洲、印度高粱不同，同时又根据一些考古发现，有学者认为高粱起源于中国，或至少在中国已有几千年的栽培历史。

（二）高粱的分类

高粱属于禾本科高粱族高粱属植物。高粱属有许多一年生和多年生的种。从栽培的角度，根据用途不同，可将高粱分为以下四类：

1. 粒用高粱

粒用型高粱以获取籽粒为目的。茎秆高矮不等，分蘖力较弱，穗密而短。茎内髓部含水较少。籽粒品质较佳，成熟时常因籽粒外露，较易落粒。按籽粒淀粉的性质不同，可分为粳型与糯型。

2. 糖用高粱

糖用型高粱茎高、分蘖力强。茎内富含汁液，随着籽粒成熟，含糖量一般可达8%～19%。茎秆节间长，叶脉蜡质，籽粒小，品质欠佳。甜高粱茎秆可用于制糖和乙醇，被认为是有广泛发展前途的新型生物能源作物。

3. 帚用高粱

帚用型高粱穗大而散，通常无穗轴或有极短的穗轴，侧枝发达而长，穗下垂。籽粒小并由护颖包被，不易脱落。

4. 饲用高粱

饲用型高粱茎秆细，分蘖力和再生力强，生长势旺盛。穗小，籽粒有稃，品质差。茎内多汁，含糖较高，是牛、羊的良好饲料。

二、高粱栽培的生物学基础

（一）高粱的生育期与生育时期

高粱生育期变化幅度较大。在中国高粱品种资源中，生育期最短的只有约 80 天，最长的超过 190 天。高粱栽培品种的生育期一般在 100 ~ 150 天。生育期在 100 天以下的为极早熟品种；生育期在 100 ~ 115 天的为早熟品种；生育期在 116 ~ 130 天的为中熟品种；生育期在 131 ~ 145 天的为晚熟品种；生育期在 146 天以上的为极晚熟品种。生育期的长短，除与品种特性有关外，还与高粱所生长的环境条件和栽培措施有关。

在高粱整个的生育期间，根据植株外部形态和内部器官发育的状况，可分为苗期、拔节期、挑旗期（孕穗期）、抽穗开花期、成熟期等几个主要生育时期。

在高粱的整个生长发育过程中，根据其生育特点，可将其划分为三个生长阶段，即营养生长阶段、营养生长和生殖生长并进阶段、生殖生长阶段。这三个阶段与高粱产量的三个构成因素即单位面积穗数、每穗粒数和千粒重直接相对应。高粱自种子发芽,生根出叶到幼穗分化以前,称为营养生长阶段。该阶段形成了高粱的基本群体,是决定单位面积穗数的时期,同时也为穗大粒多创造物质基础。幼穗分化标志着生殖生长的开始,在进行生殖生长的同时,根、茎、叶等营养器官也旺盛生长,直到抽穗开花为止,称为营养生长与生殖生长并进阶段。该阶段是决定每穗粒数的关键时期,并为提高粒重奠定基础。抽穗开花到成熟阶段,营养生长基本停止,只进行生殖生长,即进行籽粒的形成和内容物充实,是决定千粒重的关键时期。

(二)高粱器官形态与建成

1. 根

高粱的根为须根系,由初生根、次生根和支持根组成。种子发芽时,首先长出的一条根叫初生根。高粱幼苗长出 3 ~ 4 片叶时,由地下茎节长出一层次生根,以后随着叶片出现和茎节形成,由下而上陆续环生一层层的次生根,一般为 6 ~ 8 层,总根数可达 50 ~ 80 条。抽穗时,根系纵向伸长至 1.5 ~ 2 m,横向扩展达 0.6 ~ 1.2 m。次生根是高粱庞大根系的主体。抽穗前后至开花灌浆期,在靠近地面的地上 1 ~ 3 个茎节上长出几层支持根,亦称气生根。

由于高粱根系发达,入土深广,其根细胞渗透压高,吸水、吸肥力强。高粱根的内皮层中有硅质沉淀物,使根非常坚韧,能承受土壤缺水收缩产生的压力。因此,高粱有较强的抗旱能力。在孕穗阶段,根皮层薄壁细胞破坏死亡,形成通气的空腔,与叶鞘中类似组织相连通,起到通气的作用。这些特点使高粱具有较强的抗旱性和耐涝性。

2. 茎

我国高粱品种资源中，株高变化范围为 63 ～ 450 cm。粒用高粱，多为株高 2 m 左右的中高秆类型；帚用高粱和甜高粱，多为株高 3 m 以上的高秆类型。

高粱茎的地上部有伸长节间 10 ～ 18 个，地下尚有 5 ～ 8 个不伸长的节间。拔节前高粱的节和节间密集在一起，拔节后地上节间开始伸长，开花期茎秆达最大高度。茎秆粗壮，且基部和穗下节间较短，上下粗细均匀，是丰产长相，植株抗倒伏能力强，穗大而重。

高粱生育的中后期，在茎秆表面上形成白色蜡粉，能防止水分蒸腾，增强抗旱能力；在淹水时，该蜡粉又能减轻水分渗入茎内，提高抗涝能力。另外，茎的表皮由排列整齐的厚壁细胞组成，其外部硅质化，致密、坚硬，不透水，也增强了茎秆的机械强度和抗旱或涝的能力。

3. 叶

高粱的叶互生在茎节上，由叶片、叶鞘和叶舌三部分组成。叶片一般呈披针形，叶中脉的颜色因品种而异，主要有白、黄、蜡质三种。中国高粱多呈不透明的白色叶脉。蜡质叶脉高粱茎秆中一般含有较多的汁液，抗叶部病害能力较强。

叶片的数量与茎节数目相同。由于下部叶片较小，特别是 1 ～ 7 叶，窄而短小，因此高粱前期叶面积增长速度慢；抽穗开花期是高粱叶面积最大的时期，高粱高产群体最大叶面积指数为 4 ～ 5。形成高粱籽粒产量的光合产物主要来源于植株上部的 6 枚叶片，其中上数第二叶和第三叶对高粱籽粒产量贡献最大。

高粱叶片的上下表皮组织紧密，分布的气孔体积较小，其长度仅为玉米的2/3，能有效地减少水分的蒸腾；进入拔节期以后，叶面生有一层白色蜡粉，具有减少水分蒸腾的作用；部分高粱品种叶片具有持绿性；叶上有多排运动细胞，在叶片失水较多时，使叶片向内卷曲以减少水分的进一步散失。以上这些是高粱抗旱的叶部原因。高粱叶鞘中的薄壁细胞，在孕穗前后破坏死亡，形成通气的空腔，与根系的空腔相连通，有利于气体交换，增强耐涝性。

4. 穗

（1）穗的构造。高粱的穗为圆锥花序。中间有一主轴，称为穗轴。在穗轴上生有4～10个节，每节轮生5～10个分枝，称为第一级枝梗。第一级枝梗上长出第二、第三级枝梗。由于穗轴长度不同，第一级枝梗长度及其在穗轴上着生的部位也不同，致形成形状各异的穗形，如纺锤形、牛心形、筒形、伞形、帚形等。另外，根据各级枝梗的长短、软硬以及小穗着生疏密程度的不同，还可将穗子划分为紧穗、中紧穗、中散穗和散穗四种穗型。

小穗通常成对着生于圆锥花序的第二级或第三级枝梗上。成对小穗中，较大的是无柄小穗，较小的是有柄小穗。无柄小穗内有两朵小花，上方的为可育花，下方的为退化花。有柄小穗比较狭长，成熟时或宿存或脱落。有柄小穗亦含两朵小花，一朵完全退化，另一朵只有雄蕊正常发育，为单性雄花，开花时间较与之相邻的无柄小穗小花晚2～4天。

（2）幼穗分化。高粱从拔节开始，即进入穗分化期，根据穗分化过程与外部形态的关系，将穗分化过程分为以下六个时期，即生长锥伸长期、枝梗分化期、小穗小花分化期、雌雄蕊分化期、减数分裂期、花粉粒充实完成期。

生长锥伸长期：茎顶端生长锥膨大，变尖，由半圆球形变为圆锥体，这时植株茎基部第一伸长节间开始伸长，进入拔节期。

枝梗分化期：一、二、三级枝梗分化时期。首先在生长锥基部产生突起，由下而上不断分化，为向顶式分化，这些突起便是将来穗轴上的一级枝梗。当顶端一级枝梗即将分化完毕时，基部一级枝梗两侧分化出二级枝梗。二级枝梗的分化也是向顶进行。生长锥上部二级枝梗尚在分化时，中部二级枝梗开始分化三级枝梗，然后向上、下两端推移。当三级枝梗全部分化形成时，生长锥明显增大，肉眼可见。枝梗分化期在幼穗分化过程中持续时间最长，约经历四个出叶周期，10~12天。枝梗分化期是决定枝梗数与穗粒数的关键时期。

小穗小花分化期：小穗小花分化是由穗上部二、三级枝梗开始，逐渐向下推移。小穗先分化第一颖片原基，然后在其对侧又产生第二颖片原基，接着分化出小花的外稃和内稃，内侧是小花原基。每个小穗内有两朵小花，其中先分化的第一朵小花体积很小，不久即退化消失；第二朵小花可发育结实。

雌雄蕊分化期：在内稃原基出现以后，花原基顶端分化出3个小圆形突起，以后发育成雄蕊。不久，在3个雄蕊中央隆起一个体积较大的雌蕊原基，以后发育成子房。

减数分裂期：雄蕊增大呈四棱状，花粉囊内形成花粉母细胞，经减数分裂形成四分体，进一步发育形成花粉粒。同时，雌蕊体积增大，顶端形成二裂柱头，花部各器官迅速扩大。减数分裂期是决定结实率和每穗粒数的关键时期，此时正值高粱挑旗期。

花粉粒充实完成期：四分体散开，花粉粒内容物逐渐充实，颜色由绿变黄。花丝伸长，柱头上开始出现羽毛状突起。幼穗分化发育完成，植株抽穗开花。

籽粒形成与成熟期：高粱抽穗后，2～4天开始开花，开花的顺序由穗顶部开始向下进行。开花受精2周后，籽粒已基本形成，随着养分不断充实最后形成成熟的籽粒，其成熟过程可分为乳熟期、蜡熟期和完熟期三个阶段。乳熟期植株制造的光合产物迅速向籽粒运输，籽粒体积和重量增长最快。蜡熟期籽粒含水量显著降低，干物质积累速度转慢，至蜡熟末期接近停止，干重达到最大值，胚乳由软变硬，呈蜡质状。完熟期籽粒内含物已干硬成固体状，此时应及时收获。

（三）干物质积累、分配与产量形成

1. 干物质积累与分配

高粱全株干物质积累呈"S"形曲线，各器官的生长也基本上是由慢渐快再转慢呈"S"形曲线。叶片和叶鞘干重，在拔节前缓慢增长，拔节后迅速增加，至抽穗期前后叶片与叶鞘干重同时达到最大值，以后因养分向穗部输出干重呈缓慢下降趋势，但在籽粒蜡熟期后又有不同程度的回升。茎秆干重在拔节后迅速增长，抽穗前后增长最快。矮秆品种高粱茎秆干重在开花后达到高峰；高秆品种茎秆干重在开花后仍快速增长直至乳熟中期，以后有所下降，蜡熟以后至成熟，干重又明显回升。受精后，籽粒体积和鲜重增长较快，籽粒干重在开花后15～35天增长迅速。器官的发育依叶、鞘、茎、粒的先后次序进行而又有不同程度的相互重叠，形成各时期的生长中心。

2. 产量形成

高粱群体干物质积累与分配的过程就是产量形成的过程，干物质积累决定生物产量，分配决定经济系数。籽粒产量来源于两个部分：一部分是开花后生产的光合产物，约占籽粒产量的80%；另一部分是抽穗前营养器官贮积物质的转移，约占籽粒产量的20%。前期培育壮秆，蓄积更多的干物质，后期加强田间管理，提高叶片光合能力，是实现高产的重要途径。

（四）高粱的品质

不同栽培目的要选用不同类型的品种，不同类型的品种有不同的品质特性和要求。食用高粱要求籽粒有较高的营养价值和良好的适口性，要求单宁含量在0.2%以下，出米率在80%以上，蛋白质含量在10%以上，赖氨酸含量占蛋白质含量的2.5%以上，角质率适中，不着壳。酿造用高粱要求籽粒淀粉含量不低于66%，单宁含量适中。茎叶饲用高粱主要要求绿色体产量高，茎秆含有一定的糖度，不含或微含氢氰酸。糖用高粱要求茎秆含糖量高，易于榨糖或发酵生产酒精。

（五）高粱对环境条件的要求

1. 温 度

高粱是喜温作物，在整个生育期间都要求较高的温度。一定的高温可以提早幼穗分化，低温则可延迟幼穗分化，这种特性，称为高粱的感温性。种子发芽的最低温度为6～7℃，最适温度为20～30℃，最高温度为44～50℃。低温下播种，发芽缓慢，易受病菌侵染，造成粉种和霉烂，降低出苗率。高粱出苗至拔节期的适宜温度为20～25℃。拔节至抽穗期适宜温度为 25 ~ 30℃，开花至成熟期对温度要求比较严格，最适宜温度为 26 ~ 30℃。低温会使花期推迟，开花过程延长，影响授粉。如遇高温和伏旱，会使结实率降低。高粱灌浆阶段较大的温差有利于干物质的积累和籽粒灌浆成熟。

2. 光　照

高粱是喜光作物，在生长发育过程中，要求有充足的光照条件。高粱属短日照作物，缩短光照时数可提早抽穗和成熟，延长光照则成熟延迟。

3. 水　分

高粱具有较强的抗旱能力，不仅能抗土壤干旱，也能耐大气干旱。同时，高粱又具有耐涝性，其耐涝性在孕穗期以后尤为明显。在抽穗后如遇连续降雨，在短时期内淹水不没顶，仍能获得一定的产量。高粱虽然既抗旱又耐涝，但正常的生长发育仍需适宜的水分供应。苗期生长缓慢，需水量较小；拔节至孕穗期需水量最大，这期间如水分不足，会影响植株生长和幼穗分化；孕穗至开花期水分不足，会造成"掐脖旱"，是高粱需水临界期；灌浆期如遇干旱会影响干物质积累，降低粒重。全生育期降雨 400 ~ 500 mm 且分布均匀即可满足其生长需要。

4. 土　壤

高粱对土壤的适应范围较广，能在多种土壤上生长。但要使高粱生长发育良好，达到高产、稳产，必须为之创造土层深厚、土壤肥沃、有机质含量丰富、土体结构良好的土壤条件。高粱具有一定的耐盐碱能力。对土壤 pH 值适应范围为 5.5 ~ 8.5，最适 pH 值为 6.2 ~ 8.0。

5. 养　分

高粱不同生长时期干物质积累速度不同，其对氮、磷、钾等养分的需求和吸收也有差异。贵州大学钱小刚教授等对贵州本地高粱进行研究发现：高粱出苗后 80 天的时期，是干物质积累最快的时期。出苗 60 天时，氮素积累量达 62.3%、磷素达 53%、钾素达 49%。随后，氮、磷持续积累到高粱籽粒成熟，而钾则在 80 天左右时达到最大积累值不再增加，籽粒成熟时钾素会因外泌而损失。试验表明，生产 100 kg 的高粱籽粒，需要吸收氮（N）2.33 kg、磷（P_2O_5）0.98 kg、钾（K_2O）2.92 kg，其合理比例为 1∶0.42∶1.25。因此，在生产管理上，要以重基肥、早追肥为原则，合理确定施肥种类和施肥时期。

第三章 酿造酱香型白酒糯高粱品种

　　根据酱香型白酒风味品质及其独特的酿造工艺，高粱原粮的选择一般要满足以下指标要求：粒小皮厚，角质率高，淀粉含量在60%以上，支链淀粉含量占总淀粉含量的88%以上，千粒重为16～22 g，单宁含量为1～2.5%。

　　以贵州茅台酒为代表的酱香型白酒的两次投料、固态发酵、高温制曲、高温堆积、高温取酒等特点，只有符合这些条件的高粱，才能保证在九次蒸煮、八次发酵、七次取酒的独特酿造工艺过程中不糊化，而且每一轮的营养转化保持在一个合理范围内。

　　经过长期的生产实践和多年的选育，我国西南地区已经形成了较为丰富的酱香型白酒专用糯高粱品种群，这些品种在理化性状方面都能满足酱香型白酒风味品质及其酿造工艺要求，如红樱子、红珍珠、黔高7号、黔高8号、红粱丰1

号、茅粱 1 号、茅粱糯 2 号、金糯粱 1 号、青壳洋等常规糯高粱品种。

一、红樱子

红樱子是贵州省仁怀市丰源育种中心历经 6 年系统选育而成的糯高粱品种。2008 年通过贵州省农作物品种审定委员会审定，2010 年通过国环南京有机食品认证中心认证，是全国第一个通过有机认证的高粱品种，也是目前贵州茅台酒酿造用主要高粱品种。该品种属糯性中秆中熟常规种。其春播生育期约 130 天，夏播生育期约 120 天；株高约 2.4 m，地上部分伸长节

图 1　糯高粱品种：红缨子

8～9节，总叶数约13叶，叶宽约7.2 cm，叶色浓绿；属散穗型，穗长约38 cm，穗粒约2800粒；颖壳红色，籽粒红褐色（图1），易脱粒，千粒重约19 g；淀粉含量70%，支链淀粉含量占总淀粉含量的90%以上，单宁含量1.68%；糯性好，玻璃质含量高，种皮厚，耐蒸煮，出酒率高。抗病、抗旱能力较强。一般单产约350 kg/667m^2。

二、红珍珠

红珍珠是贵州省仁怀市丰源育种中心选育的糯高粱品种。2008年通过贵州省农作物品种审定委员会审定。该品种属糯性中秆中熟常规种。其春播生育期约125天，夏播生育期约115天；株高约2.2 m，地上部分伸长节8～9节，总叶数约13叶，叶宽约7.1 cm，叶色浓绿；属散穗型，穗长约35 cm，穗粒

图2　糯高粱品种：红珍珠

约 2900 粒，颖壳红色，籽粒红褐色（图2），易脱粒，千粒重约 20 g，淀粉含量 84.2%，支链淀粉含量占总淀粉含量的 91.5% 以上，单宁含量 1.55%；糯性好，玻璃质含量高，种皮厚，耐蒸煮，出酒率高。抗病、抗旱能力较强。一般单产约 400 kg/667m²。

三、黔高 7 号

黔高 7 号是贵州省农业科学院旱粮研究所选育的糯高粱品种。2009 年通过贵州省农作物品种审（鉴）定委员会审定。该品种生育期约 106 天，属早熟常规品种。其株高 225 cm，茎粗 1.15 cm，穗柄弯曲，穗长 48～50 cm，穗柄伸出状态 13～15 cm；颖壳红色，颖壳包被度 1/2，籽粒褐色（图3）；总淀粉含量 65.7%，支链淀粉含量占总淀粉的 92.3%，单宁含量 1.07%，符合酱香型白酒酿造用高粱指标要求。抗旱、抗病、抗倒状。

图3 糯高粱品种：黔高 7 号

四、黔高 8 号

黔高 8 号是贵州省农业科学院旱粮研究所以在仁怀市学孔

乡收集的当地糯高粱品种，经 5 代系统选育而成的常规糯高粱新品种。2009 年通过贵州省农作物品种审定委员会审定。该品种生育期约 110 天，属早熟常规种。其芽鞘紫色，幼苗绿色，分蘖弱，株高 240 ~ 250 cm，茎粗 1.15 ~ 1.26 cm；穗侧散，伞形，穗柄弯曲长 42 ~ 46 cm，穗柄伸出 10 ~ 11 cm；颖壳红色，籽粒褐色，卵圆形（图 4），千粒重 19 ~ 21 g，角质率 80%；总淀粉含量 63.2%，支链淀粉含量占总淀粉的 95.4%，单宁含量 1.17%，符合酱香型白酒酿造用高粱质量要求。有较强抗旱、抗叶病、抗倒伏性。在贵州，通常在 4 月上旬或中旬播种，中等肥力土壤即可。

图 4　糯高粱品种：黔高 8 号

五、茅粱 1 号

茅粱 1 号是贵州大学麦作研究中心、仁怀市丰源有机高粱育种中心采用系谱法选育而成的糯高粱品种。2012 年通过贵州省农作物品种审定委员会审定。该品种生育期约 129 天，属中熟常规糯性品种。其株型半紧凑，株高 262.1 cm，芽鞘浅紫色，叶绿色，总叶片约 15 片；纺锤形穗，松散度适中，成熟整齐一致，熟相好，穗长 42.4 cm，一级分枝约 52 个，平均穗重 53.7 g，千粒重 15.6 g；红壳，红粒，籽粒扁圆形，均匀饱满，种皮厚，易脱粒，籽粒糯质（图 5）；粗蛋白质含量 8.37%，总淀粉含量 81.01%，支链淀粉含量占总淀粉的 85.15%，单宁含量 1.76%。在省区域试验中，单产约 355 kg/667m^2。宜春播，采用育苗移栽，育苗播种期宜在 3 月下旬至 4 月下旬，种植密度约 8000 株/667m^2，适宜于贵州省中上等肥力土壤种植。

图 5　糯高粱品种：茅粱 1 号

六、茅粱糯 2 号

茅粱糯 2 号是贵州大学、国家小麦改良中心贵州分中心选育的糯高粱品种。2016 年通过贵州省农作物品种审（鉴）定委员会鉴定。该品种生育期约 124 天，属中熟常规糯性品种。其幼苗长势强，芽鞘浅紫色，叶色绿色，总叶片约 15 片；株型紧凑，株高 240.9 cm；伞形侧散穗，松散度适中，成熟整齐一致，熟相好，穗长 35.53 cm，平均穗重 53.94 g，千粒重 19.34 g；红壳、红粒，籽粒卵圆形，均匀饱满，种皮厚，易脱粒，糯质粒（图 6）。一般单产约 400 kg/667m^2。宜春播，采用育苗移栽，育苗播种期

图 6　糯高粱品种：茅粱糯 2 号

宜在 3 月下旬至 4 月下旬，种植密度约 8000 株 /667m²，适宜于贵州省高粱种植区域种植。

七、金梁糯 1 号

金梁糯 1 号是由贵州省金沙县农业技术推广站于 2004 年组织技术人员利用地方品种青壳洋的变异株选育出的新的糯高粱品种。2012 年通过贵州省农作物品种审定委员会审定。该品种生育期 127 天，属中早熟常规糯性品种。其株型半紧凑，株高 234 ～ 276 cm，幼苗长势强，种子发芽势强，发芽率高，芽鞘浅紫色，叶绿色，总叶片数约 16 片；穗侧散、伞形，成熟整齐一致，熟相好，穗长 33 ～ 45 cm，一级分枝 46 个，平均穗重 49 g，千粒重 16 ～ 17 g；红壳、红粒，籽粒扁圆形，均匀饱满，种皮厚，易脱粒，糯质粒（图 7）；粗蛋白质含量 13.36%，总淀粉含量 74.24%，支链淀粉含量占总淀粉的 78.14%，单宁含量 0.69%。抗倒伏性强，对病虫害及干旱等不利因素有较强的抵抗能力。一般单产约 350 kg/667m²。

图 7 糯高粱品种：金梁糯 1 号

八、红粱丰 1 号

红粱丰 1 号由常规酒用糯高粱黔高 7 号的变异优良单株定向系选而成。2016 年通过贵州省农作物品种审（鉴）定委员会鉴定。该品种生育期约 122 天，属中熟常规糯性品种。其株型半紧凑，株高约 233.40 cm，幼苗长势强，芽鞘绿色，叶绿色，总叶片数约 15 片；穗伞形，属中散穗型，成熟整齐一致，熟相好，穗长约 33 cm，平均穗重约 56.3 g，千粒重 22 g；壳红色，籽粒红褐色，圆形，均匀饱满，种皮厚，易脱粒，糯质粒（图 8）。抗病性好，抗旱、抗倒伏能力强。经贵州大学麦作研究中心品质检测，总淀粉含量 81.77%，直链淀粉含量 6.98%，支链淀粉含量 74.80%，支链淀粉含量占总淀粉的 91.47%，单宁含量 1.40%。一般单产约 380 kg/667m^2。

图 8　糯高粱品种：红粱丰 1 号

九、青壳洋

青壳洋是四川省农业科学院水稻高粱研究所等单位较早选育的糯高粱常规品种，也是南方酿酒用优质糯高粱品种。1988 年由四川省农作物品种审定委员会认定推广。其生育期春播约 103 天，夏播约 151 天。株高 265 cm，株型紧凑，茎叶夹角小，适合间套红薯等矮生及匍匐生长的作物；穗中散型；籽粒黄褐色，千粒重约 16 g，易脱粒，糯性（图 9）；淀粉含量约 65%，支链淀粉含量占总淀粉的 95% 以上，单宁含量 1.9%，蛋白质含 7.53%，玻璃质少。穗螟危害轻，较耐炭疽病。3 月下旬至 4 月上旬播种，一般单产约 310 kg/667m^2。适合在四川、贵州、湖南、湖北及河南等地区种植。

图 9 糯高粱品种：青壳洋

第四章 高粱育苗技术

一、育苗前种子处理

育苗前，要对高粱种子进行相应处理，具体如下。

（一）晒 种

晒种主要是将"沉睡"了一年的种子"唤醒"，有以下好处。

一是可以杀死病菌。利用太阳的紫外线，杀死黏附于种子上的病菌孢子，预防和减轻由种子带来的丝黑穗病等病害。

二是可以降低含水量。通过降低种子的含水量，使其吸水能力增强，播种后能很快吸收土壤中的水分，发芽快，出苗齐。

三是可以提高发芽率。通过晒种增强了酶的活性，可提高种子的发芽势和发芽率。连续晒种 2 ～ 3 天，其效果比一般不晒种子的发芽率提高 5% 以上。而且，发芽势强，出苗整齐（图 10）。

图10　高粱晒种

（二）浸　种

浸种的目的是使种子较快地吸水，达到能正常发芽的含水量。干燥的高粱种子含水率通常在13%以下，生理活动非常微弱，几乎处于休眠状态。高粱种子吸收水分后，种皮膨胀软化，溶解在水中的氧气随着水分进入细胞，种子中的酶被激

图11　高粱浸种

活。由于酶的作用，胚的呼吸作用增强，胚乳贮藏的不溶性物质也逐渐转变为可溶性物质，并随着水分输送到胚部。种胚获得了水分、能量和营养物质，在适宜的温度和氧气条件下，细胞开始分裂、伸长，种子开始发芽。同时，浸种还能杀死一些虫卵和病菌，利于高粱发芽生长（图11）。晒种后，用55℃的热水或1%～2%的石灰水浸种1～2小时，然后用清水洗净滤干播种。浸种不得使用国家标准《有机产品》（GB/T19630—2011）中的禁用物质。

二、撒播育苗

选择在水源方便、背风向阳之处建撒播育苗的苗床，以肥沃的砂质壤土作苗床土为宜。

播种前约15天，根据需要移栽的大田面积，按苗床∶大田＝1∶40的比例计算所需苗床面积。将土翻犁后整细，除去杂草和石块，施入厩肥3～5 kg/m²，再整细、整平（图12~图14），让其自然腐熟，培肥土壤。

图12 增肥苗床

图13 苗床整理

春播高粱，宜在3月下旬至4月下旬期间播种育苗。大田用种量约为0.5 kg/667m²。将培肥的苗床地开沟做厢（厢宽

1.33 m，沟宽 33 cm），按 20 ~ 23 m 长播种 0.5 kg（种子），将种子均匀撒于厢面上，浇上适量的清粪水（图 15，图 16）。

图 14　整理好的苗床

图 15　撒播种子

图 16　浇适量清粪水

　　最后再撒上事先预备好的细土盖住种子，厚约 0.5 cm（以保证没有种子裸露为度），再平铺上农用薄膜以保持水分。出苗后及时拱棚以保温、保湿（图 17~ 图 19）。

图 17　播种后撒盖细土

图 18　播种后覆膜保温、保湿

图 19　出苗后将覆膜起拱

苗床管理：一是注意控温保湿。早春晴天白天温度过高，会造成烧苗；晚上温度太低，苗易遭冷害而幼苗生长不良。因此，白天注意揭开膜或揭膜的两端，晚上盖膜保温，保持棚内温度在 15～30℃。同时，根据厢面失水情况进行补水，补水时间选在下午厢面温度降低至 20℃左右或早上浇水，不要在中午高温时浇水。二是拔除杂草。杂草生长过多，影响高粱苗的正常生长，可采取人工拔除杂草即可。禁止使用化学除草剂。

撒播育苗耗费劳动力较少，易操作，而且在移栽时运苗也比较方便。但是，撒播育苗在起苗移栽时会对秧苗根系造成一定的损伤，移栽后有缓苗现象发生。

三、营养块育苗

营养块育苗的苗床地也需要尽量选择在水源方便、背风向阳的地方。在制作营养块时，先在苗床底部铺一层废纸或细沙等隔离物，以便在起苗时容易与苗床分离，少粘连。然后将沤制好的营养土加足水分后，在苗床上平铺，其厚度为 5 ~ 6 cm。再将其刮平压实，用木板和刀划切成长和宽各 5 ~ 6.5 cm 的营养块，每个营养块播种 2 ~ 3 粒。播种后浇适量水，在已经播种的营养块上撒盖过筛细土，以不裸露种子为宜（图 20~ 图 24）。最后在苗床上加盖塑料薄膜以保水和保温。高粱出苗后及时拱棚。

图 20　高粱营养块育苗：拌制营养土

图 21　高粱营养块育苗：平整营养土厢面

苗床管理：一要做好控温保湿（其操作要点与撒播育苗相同），二要及时除草匀苗。及时拔除营养块或苗床里滋生的杂草，同时拔除营养块上多于计划的高粱苗，一般以保留 2 株壮

图22 高粱营养块育苗：划切营养块

图23 高粱营养块育苗：营养块中下种

苗为宜。移栽前，揭膜炼苗2～3天。炼苗，即将塑料薄膜揭掉，让秧苗在没有塑料薄膜的保护下适应环境条件。

营养块育苗，要根据大田面积安排育苗计划，就近育苗。因为营养块苗在移栽时不方便长距离运输。

长期的生产实践证明，营养块苗在移栽后不会发生缓苗现象，在不同育苗方式的比较试验中，营养块苗产量最高。

图 24 高粱营养块育苗：下种后撒盖细土

四、营养球育苗

制作营养球时，用适量清粪水将沤制好的营养土拌湿（手捏成团，落地即散），用手轻捏成直径 5 ~ 6.5 cm 的营养球，整齐排放在苗床内。用手指或小棍在营养球上戳出深约 1.5 cm 的

图 25 高粱营养球育苗：准备细土

小窝,在小窝里播种 2 ~ 3 粒。适量浇水后,盖上一层过筛细土,盖住播下种子的小窝即可(图 25~ 图 30)。

图 26　高粱营养球育苗:沤制营养土

图 27　高粱营养球育苗:拌制发酵好的营养土

图 28　高粱营养球育苗:用木棍戳小窝

图 29　高粱营养球育苗:营养球的小窝中已放好种子

图 30　高粱营养球育苗:下种后适量浇水

　　春播高粱，需在苗床上加盖塑料薄膜，防止倒春寒。高粱出苗后要注意匀苗，根据计划留下每个营养球中的壮苗，拔除弱苗，一般留 2 株壮苗。移栽前，根据气候适时揭膜炼苗 2 ~ 3 天（图 31，图 32）。

图 31　高粱营养体育苗出苗状

图 32　高粱营养体育苗的去杂

　　由于营养球在移栽时不方便长距离运输，所以营养球育苗也要根据大田面积安排好育苗计划，就近育苗。营养球苗移栽后不会发生缓苗现象。在不同育苗方式的比较试验中，营养球苗与营养块苗产量相差不明显。

五、漂盘育苗

漂盘育苗具有育苗快，育苗风险小，苗壮、苗齐等优点，但成本相对较高。漂盘育苗可有效预防高粱黑穗病的发生。仁怀市有机农业发展中心的研究表明，采用漂盘育苗能将高粱丝黑穗病的发生率有效地控制在2%以内，极大降低土传病害的感染几率。

有机高粱漂盘育苗是根据有机高粱生产的技术要求，将种子播在配置育苗营养土的泡沫穴盘，漂浮在水面上，在人工控制条件下，提供高粱幼苗生长所需的光、温、水、氧气、营养物质等，使秧苗在漂盘孔穴中扎根生长，并从基质和水池中吸收水分和养分的一种育苗方法。

（一）营养池及小拱棚的制作

1. 营养池的制作

营养池可用砖砌或直接在土中挖出泥土按标准箱制成土埂（压紧实，防垮塌）。一般每个营养池（标准箱）长10 m（可根据需要自行调整长度）、宽1.1 m、深0.15 m，周围走道1 m。池底、侧墙要压紧实、平整，不能有尖锐石块、草根等，以免划破薄膜。内铺垫双层聚乙烯膜（加厚型），以防漏水。如有漏水，即时放水换膜（图33）。

2. 小拱棚制作

按长2.0 ～ 2.2 m、宽3 ～ 4 cm的标准制作好篾条（竹制）作为拱架，篾条要求光滑无尖锐，以防刺伤手及薄膜。待漂盘制作好后再插上篾条拱架，每20 ～ 30 cm插一条即可，也可交叉插，牢固性更好。再在上面盖2 m宽加厚的聚乙烯膜，四周用土扎严实。

图33　高粱漂盘育苗：营养池制作

（二）育苗盘选择及营养土配制

1. 育苗盘

育苗盘此处又叫漂盘，其规格为长0.55 cm、宽0.33 cm，每盘有160穴。最好选用聚苯乙烯泡沫塑料盘，这种盘质地轻，承载吸湿的基质和高粱苗后仍能漂浮在水面上，耐水泡、耐腐蚀，有一定的机械强度，一般可用3～5年，节省成本。

2. 育苗基质

育苗基质是漂浮育苗的关键原料。可自制，也可市场上专购。自制育苗基质，一般按腐熟有机肥、地皮灰各30%和细肥土40%配制，混匀后，用高锰酸钾水对基质进行消毒。

（三）装盘播种

1. 消　毒

播种前，用高锰酸钾药液对育苗盘等器具进行消毒。营养池中放好清洁水后用硫酸铜消毒，以免水池生青苔。

2. 装　盘

先把基质或事先配制好的营养土洒水湿润，以用手捏成团、松手即散为宜。装盘时多填料，保证穴内基质或营养土自然填实，不架空，不过紧。每盘装基质或营养土 2 kg 左右（图 34）。

图 34　高粱漂盘育苗：基质装盘

3. 播　种

在移栽大田前 15 天，将精选种子浸泡 2 小时后滤干，每穴播 2 ～ 3 粒（图 35），播完一盘后用木板轻压苗盘表面，使

图 35　高粱漂盘育苗：向漂盘里放种子

种子陷入营养土中，再用适量营养土适当盖种后将苗盘放入营养池内漂浮（图36，图37）。

图36 高粱漂盘育苗：营养池

图37 整齐放入营养池的漂盘

4. 施 肥

营养液可以考虑用沼液，每标准箱倒入沼液200～300 kg即可，不再添加其他肥料。如果没有沼液，只用清水也可以。营养液 pH 值保持在5～7。

（四）苗床温度管理

棚内温度保持在 20 ~ 28℃。若温度超过 30℃，应及时揭开棚两头的薄膜让其通风，下午 17:00 时后及时盖膜保温（图38，图 39）。

图 38　在营养池上拱棚保温

图 39　高粱漂盘育苗：出苗情况

（五）炼　苗

高粱苗长到 3 ～ 4 叶 1 心时即可移栽。在移栽前 1 周，要陆续揭开薄膜两头和全部薄膜。移栽前 1 ～ 2 天，将漂盘移出营养池放在室外土中断水、断肥，以提高苗的抗逆性和移栽成活率（图 40）。

图 40　营养池外炼苗 1 ～ 2 天

第五章　高粱移栽技术

一、整地及施底肥

根据前茬作物种植情况，适时对土壤进行整地翻犁，为高粱移栽营造良好的土壤条件。前茬为冬季休耕的，在高粱移栽前1个月应翻犁1次控草，然后将充分腐熟的农家粪肥按施肥量 1500 kg/667m^2 的标准要求均匀撒施入土中，在移栽前1天或当天翻犁耙细；前茬为油菜、小麦、蔬菜、马铃薯等的，应在作物收获后及时施入农家粪肥（标准同上），翻犁2次；前茬为绿肥的，在移栽前15天进行翻压杀青，使绿肥尽快腐烂并与土壤耦合形成团粒结构。在移栽当天或前一天再用旋耕机翻犁1次。

底肥对高粱生长十分重要，有机生产一般可以施用农家肥、沼液、绿肥和商品有机肥作底肥。

（一）农家肥

农家肥由人畜粪尿沤制或植物秸秆堆积发酵或牲畜踩踏等方式腐熟而成。来源广、数量大，便于就地取材，就地使用，成本也比较低。农家肥绝大多数属于有机肥料，有如下特点：第一，肥效稳定、持久，施用量大，长期施用可改良土壤。第二，所含营养物质比较全面，它不仅含有氮、磷、钾，而且还含有钙、镁、硫、铁及一些微量元素。第三，营养元素多呈有机物状态，难于被作物直接吸收利用，必须经过土壤中的化学和物理作用，以及微生物的发酵、分解，养分才得以逐渐释放，也因此肥效长而稳定。

另外，施用有机肥料有利于促进土壤团粒结构的形成，使土壤中空气和水的比倒协调，使土疏松，增强其保水、保温、透气、保肥的能力（图41）。

图41　移栽前将厩肥施入大田

（二）沼　液

沼液是人们广为熟知的一种速效性与长效性兼备的生物

有机肥料（图42）。沼液中含有丰富的氮、磷、钾，以及各种氨基酸、生长素、糖类、核酸、抗生素、丁酸、吲哚乙酸、维生素等物质。因此有着促进作物生长和控制病害发生的双重作用。沼液还可用于高粱浸种，一方面可杀死病菌和虫卵，另一方面为种子萌发提供营养物质，提高发芽率。沼液对高粱蚜虫、红蜘蛛、白蜘蛛、地蛆、螟虫、棉铃虫、粘虫等虫害均有显著防治效果，且无污染、无残毒、无抗药性。

图42　用沼液作追肥施用

（三）绿　肥

绿肥是用作肥料的绿色植物体，是一种养分完全的生物肥源。豆科绿肥作物还能把不能直接利用的氮气固定转化为可以被作物吸收利用的氮素养分。绿肥能增加土壤有机质含量，改善土壤的物理性状，提高土壤保水、保肥和供肥能力；可减少养分损失，保护生态环境；可改善农作物茬口，减少病虫害；可提供优质饲草，发展畜牧业。

适合西南地区种植的绿肥作物品种主要有：

豆科绿肥作物：箭舌豌豆、紫云英、苕子、木豆、毛蔓豆、决明（假绿豆）、大叶猪屎豆、新银合欢、黄花草木樨、豌豆、绿豆、饭豆、蚕豆等（图43）。

图43　绿肥作物：箭舌豌豆

非豆科绿肥作物：肥田萝卜（茹菜、满园花）、油菜、金光菊、小葵子等。

（四）商品有机肥

商品有机肥是生产厂家利用动植物残体、畜禽粪便等作原料，添加适量辅料，经生物工程发酵、加工而成的。商品有机肥须达到《农业标准商品有机肥料标准》（NY525—2002）的要求，才能作为商品出售。要求产品的有机质含量（干基）不得低于30%，总养分（$N+P_2O_5+K_2O$）不得低于4%，水分含量不得超过20%，pH值为5.5～8.0。商品有机肥仍然是一种有机肥，比一般农家肥质量更高、更安全。例如，贵州琨恩生物工程有限公司生产的琨恩牌有机肥，是通过南京国环有机产品认证中心评估通过的一款有机肥,在贵州黔北地区有机高粱生产上广为应用,效果很好。

二、移栽时机

移栽时机的把握在高粱种植过程中很重要,对于不同育苗方式培育的移栽苗,其移栽时机不同。移栽时,一定要注意叶龄的把握。

若是撒播育苗,当苗长至 6 ~ 8 叶龄时方可起苗移栽。因为苗太小,容易因干旱致死和受虫害影响。起苗时应防止伤根,要除去病苗、弱苗和杂苗,带护根土。

若是营养体育苗和漂盘育苗,4 叶龄时即可起苗移栽。若苗太大,根须太长,移栽时易伤根造成缓苗或死苗。

三、种植模式

有机高粱可以净作,也可采用间作、套作等模式。利用间作、套作等模式,可以充分利用空间,提高种植密度,增加叶面积,提高光能利用率,合理地利用土壤养分和水分,扩大边行优势,增加抗逆能力,增加地块作物种类,保持生物多样性,维持土壤较好生态环境。

（一）净 作

在同一块土地上一个完整的生长期间只种植一种作物的种植方式称作净作。由于净作的作物单一,对条件的要求一致,生育期一致,因此净作具有便于种植、管理、收获,便于机械化操作、大规模经营，有利于产业化发展等优点。但是，由于净作高粱的群体单一，加上大面积有机种植，长期净作高粱，其系统稳定性会发生下降，抗逆能力会减弱。

图 44　　高粱大田净作

净作高粱（图 44），窝距 26.4 ~ 33 cm，行距 50 ~ 66 cm，牵绳打窝移栽，每窝 2 ~ 3 株，种植密度为 8 000 ~ 12 000 株/667m²，把握"肥土稀植、瘦土密植"的原则。

（二）间　作

将两种或两种以上生育季节相近的作物在同一块田地上同时或同季节成行或成带地相间的种植方式称作间作。

与高粱同期的作物进行间作，一般 2 m 开厢，1 m 种植 3 行高粱，行距 33 cm，窝距 26.4 ~ 33 cm，另 1m 间作其他矮秆类植物，如无藤四季豆、玉华豆、眉毛豆、黄豆、甜薯等（图 45）。在保证单位面积株数不变的情况下保证高粱产量的同时，增加农业附加值，增加田间生物多样性。

图45　高粱与甜薯间作（红苕）

（三）套　作

在同一块土地上在前季作物的生育后期，在其株行间播种或移栽后季作物的种植方式称作套作。

图46　高粱与小麦套作

有机高粱与其他作物的套作，一般采用 1.7 m 开厢分带轮作，用其中 70 cm 种植小麦、大蒜或马铃薯等，用剩余的约 1 m 种蔬菜、绿肥等，在蔬菜收获或绿肥翻压腐熟后移栽 2 行高粱（图46）。行距 40 ～ 50 cm，窝距 20 ～ 26 cm，打窝移栽，每窝 2 ～ 3 株，种植密度为 6000 ～ 8000 株 /667m^2。

（四）轮　作

在同一田块上有顺序地在季节间和年度间轮换种植不同作物或复种组合的种植方式称作轮作。既有年间进行的单一作物的轮作，也有在一年多熟条件下的年内换茬，也称为复种轮作。轮作有利于防治病、虫、草害，综合利用土壤养分，调节土壤肥力。有机种植方式下，必须做好轮作规划，保证地块作物多样性。

（五）连作对有机高粱生产的影响

在同一块土地上长期连年种植一种作物的模式称作连作。连作常会引发病虫草害而致减产。这是因为：不同作物吸收土壤中的营养元素的种类、数量及比例各不相同，根系深浅与吸收水肥的能力也各不相同；长期种植一种作物，因其根系总是停留在同一水平上，该作物大量吸收某种特定营养元素后，就会造成土壤养分的偏耗，使土壤营养元素失去平衡；每种作物都有一些专门危害的病虫杂草，连作可使这些病虫杂草周而复始地感染危害；不同作物根系的分泌物不同，有的分泌物有毒害作用，连作会导致这种毒害的富集增强。连作，由于耕作、施肥、灌溉等方式固定不变，会导致土壤理化性质恶化，肥力降低，有毒物质积累，有机质分解缓慢，有益微生物数量减少等。

高粱生长需肥量大，而且根系分泌物多，连作会对高粱生产产生较大的影响。因此，在生产中，必须做好轮作规划，制定科学的种植制度，采取合理的种植模式，才能在有机种植中减少损失，获得丰收。

四、移栽规格

（一）等行距移栽

高粱采取净作方式种植，选用等行距移栽，其规格为行距 50 ～ 67 cm、窝距 27 ～ 33 cm，拉绳打窝移栽，每窝栽苗 2 ～ 3 株，保证栽苗 8000 ～ 12 000 株 /667m^2。注意：肥土略栽稀一些，瘦土略栽密一些（图47）。经过长期的密度试验，如红樱子等品种移栽中等肥力土壤，净作密度在 8000 ～ 9000 株 /667m^2 时能获得较高产量。

图47　高粱大田等行距移栽

（二）宽窄行移栽

高粱宽窄行移栽是一种新式高产栽培模式。宽窄行规格为：宽行 1.16 m，窄行 50 cm，窝距 20 ~ 26 cm，窝栽 2 ~ 3 株（图 48）。四川省农业科学院泸州水稻高粱研究所赵甘霖研究员等的研究表明，在宽窄行栽培情况下，由于行距增宽，通风透光性增强，作物边际效应明显；与等行距栽培方式相比，增产幅度可达 7% ~ 11%。同时，在与等行距栽培获得同等产量水平的情况下，可以适当降低种植密度，增强高粱抗倒伏能力，提高商品有机高粱质量。

图 48　高粱大田宽窄行移栽

五、移栽方式

(一)常规移栽

常规移栽一般是打窝移栽,窝要尽量打大一点、深一点,以便底肥的集中深施。移栽时,一定要用土隔肥,否则会发生烧苗现象(图49,图50)。若是撒播苗,要选择大小基本一致

图49 拉绳打窝

图50 高粱大田移栽

的苗 2 ～ 3 株，根部对齐，用小泥团轻压根须至苗正直，然后
再掩上少许泥土。若是营养体苗，将营养体轻放在隔好肥的
土上，放正直，掩上少许泥土即可。栽移后施清粪水或沼液约
1000 kg/667m² 作为定根水，苗易成活。

（二）地膜覆盖移栽

地膜覆盖移栽，即在地块上开厢起垄，覆盖地膜，再破膜
栽植高粱苗的一种栽培方式（图 51，图 52）。实行地膜覆盖移
栽，虽然增加地膜和覆膜人工成本，但有利于保肥、保水和减
少中耕除草的环节，可实现高产稳产。

地膜覆盖移栽要注意以下几点：一是地膜材质必须是聚
乙烯膜。二是选择 1 m 宽规格的地膜。三是起垄规格为，净
作：1.33 m 开厢起垄，垄高 10 ～ 16.7 cm，沟宽40 cm，净厢面
93 cm；间作：1.67 m 开厢起垄，垄高 10 ～ 16.7 cm，垄面与空
带各 83 cm。四是采用沟施的方法施入底肥，即在应起垄的区
域顺向中线处开深 10 ～ 13 cm 的小沟，将农家肥或生物有机
肥施入其中，然后将厢边泥土覆回作垄。五是覆膜要严实，

图 51　高粱地膜覆盖打孔移栽

即膜的四周用泥土全部将膜压紧压实。六是打孔，即用 5 cm 左右粗的木棍，一头削尖，按一定窝距（净作为 27 ~ 33 cm，间作为 20 ~ 26.6 cm）破膜打孔，孔深 10 ~ 13 cm。七是将苗放入孔中扶正，用泥土轻轻压实，浇上定根水，最后用土封实膜孔及边缘。

图 52　高粱地膜覆盖移栽

六、高粱直播技术

春播，一般在 4 月上中旬进行；夏播，一般在夏收后及时抢墒播种。用种量为 1.5 ~ 2 kg/667m²。直播高粱一般采用拉绳打窝即穴播方式。密度控制与育苗移栽相同。

直播高粱，要求 3 ~ 4 叶龄时及时间苗匀苗，5 ~ 6 叶龄时进行定苗，管理措施与育苗移栽相同。

传统手工直播高粱技术，存在茬口矛盾突出、出苗和成熟不齐、产量低等弱点，已越来越多地被育苗移栽所取代。虽然直播高粱可以减少育苗和移栽环节，但也增加了播种和间苗、匀苗环节的工作量，总体上说工作量与育苗移栽差别不大。不过，随着机械化生产方式的普及，可大大提高劳动生产率。一些小型机械设备也开始在西南地区使用，在减轻人工劳作的同时提高了生产效率（图53）。

图53　手推式高粱播种机

第六章　高粱田间管理技术

一、查苗补苗

高粱苗移栽返青成活后，要及时进行苗情检查，有死苗和缺苗情况的，要及时发现并进行补苗。只有保证了大田基本苗达到要求，才能保证大田高粱产量。若补苗及时，不会影响群体的整齐性。

二、施　肥

有机生产全过程中，禁止使用化学肥料、化学农药、化学除草剂等，所有投入物质必须符合国家标准《有机产品第 1 部分：生产》（GB/T19630.1—2001）的要求。可以施用以下肥料。

（一）农家肥

高粱苗移栽后 20 天左右，用清粪水 1000 ~ 1500kg/667m^2

追施 1 次活棵肥。移栽 40 天左右，可以结合中耕除草再用清粪水 1000 ～ 1500 kg/667m^2 追施 1 次。

（二）沼　液

沼液是很好的生物活性肥，在高粱苗移栽后 20 天左右，可将沼液 300 ～ 500 kg/667m^2 用清水稀释 2 ～ 3 倍后追施 1 次活棵肥。移栽后 40 天左右，结合中耕除草再将沼液 400 ～ 600 kg/667m^2 用清水稀释 2 ～ 3 倍追施 1 次。

（三）有机肥

在较为边远的坡地，施用农家清粪水或沼液不方便时，也可用商品有机肥作为追肥。一般在移栽后 30 天左右，用有机肥 100 ～ 150 kg/667m^2，每窝丢放 25 ～ 35g 于离高粱茎秆 3 ～ 5 cm 的地方（严禁将肥料直接丢放于高粱根部接触到高粱茎秆），结合中耕除草培土，用土将有机肥全部盖严为宜。

三、草害防治

农业生产中大田杂草种类繁多，草害严重时会对作物生长产生一定的影响。由于高粱茎秆较高，所以受杂草影响一般在高粱生长前期。控制有机高粱草害需要抓好整地控草和中耕除草两个环节。

（一）整地控草

高粱育苗移栽前清洁田园、深翻细耙整治土地是控制杂草最有效的方法。通过土壤翻犁耕耙，可以直接清除杂草，同时破坏杂草根系与土壤的有机结合，让杂草失水死亡。虽然近年有机生产允许使用通过认证的有机除草剂，但一般不建议使用。

（二）中耕除草

中耕除草针对性强、干净彻底、技术简单、除草效果好，不但可以防除杂草，而且能提高土壤含氧量，给高粱生长创造良好条件。在高粱生长期内，可根据需要进行多次中耕除草。除草时，要抓住有利时机除早、除小、除彻底，不留小草。把杂草消灭在萌芽时期（图54）。

图54　高粱地人工中耕除草

第七章　高粱收获与储藏技术

一、收获技术

（一）收获适期

高粱在蜡熟末期收获最为适宜。因为此时营养物质已经停止积累，高粱籽粒饱满，千粒重最高。其特征是穗基部茎秆变黄，植株下部叶片的 4 ~ 6 片已经枯死，穗上下两端小穗外颖呈棕色。此时收获的高粱籽粒经晾晒后呈棕黄色或红褐色，高粱商品经济性状较好。

（二）分批采收

一块地里的高粱成熟度不可能完全一致，特别是地块面积较大时，这种差异更明显。为了提高高粱的产量和质量，就需要对高粱进行分期、分批采收；即成熟一批（图 55），采收

图 55　人工采收成熟高粱

一批。采收时，用镰刀从高粱顶叶下 3～4 cm 处砍下即可。第一次一般可采收完成 80%～85%；成熟度好一点的，第二次可采收完；成熟度差一些的，还有 5% 左右，要第三次才能采摘完。分批采收会增加劳动量，但所采收的高粱成熟度整齐，质量好，千粒重较高，分批采收能保证高粱的质量和产量。

（三）一次性采收

如果一个地块内的高粱成熟度比较一致，可以一次性采收。在使用机械化进行收割时，不可能做到分批采收，只能一次性采收完毕。这样用时少、效率高。

（四）收藏注意事项

高粱的采收尽量避开下雨天。采收的高粱要及时脱粒晾晒，避免遭受虫害或发生霉变。高粱晒干或烘干后（含水量 13% 以下）及时整理入库储存或用于白酒酿造。

二、储藏技术

（一）仓库卫生

有机高粱入仓前，对凡是能隐藏害虫和不清洁的地方，无论仓库内外，天井、院坝、仓底地面、仓顶天花板，以及周围附属建筑，都要全面细致扫除，建立定期清扫制度。对仓库能拆下的门、窗、板等都要拆卸清洗，对露天杂物采取拔除、铲掉、深埋等措施，彻底清除垃圾、污水、杂草、瓦砾等。库房内外使用的器材、用具，如竹席、箩筐、麻袋等分别进行剔刮、敲打、清洗、消毒、暴晒、蒸烫等方法处理。对库房门窗、梁柱、地板、墙壁、仓垫等的孔洞、缝隙进行剔刮、堵塞，将剔刮出来的虫尸、虫卵、虫茧、虫巢等焚毁或深埋。对库房、货场、器材、工具进行清洁处理，达到清洁卫生和防虫杀菌目的。必要时，可以用中药对库房进行熏蒸处理。不得使用化学药品对仓库进行消毒、除虫、除霉等，消毒或熏蒸药剂必须符合有机生产要求。

有机原料仓库与常规仓库要有明显标志加以区别，包装器材、用具等要专器专用，未严格按照有机生产要求清洗消毒的器具，禁止带入干净库房使用（图56）。

图56　运输高粱入仓

（二）有害生物防控

危害高粱储藏的有害生物主要有昆虫、螨类、微生物、鼠类和鸟类等。

仓储过程中的防虫要点是防止害虫感染、控制环境条件、及时检查、适时杀虫。研究表明，储粮害虫一般在15℃以下时不能完成其生活史；0℃以下时害虫体液开始冷冻，继续降温可致其死亡。因此，开展低温储粮是抑虫、杀虫的有效措施。降低水分也是抑制害虫的重要手段。同时，降低氧气浓度、增加二氧化碳浓度也是抑虫、杀虫的有效方法。

对于螨类，通过干燥的方法比低温更具实效。对大部分微生物而言，只要高粱籽粒含水量控制在13%以下，就可以抑制大部分微生物生长发育了。

鼠类和鸟类也是仓储环节的防控重点。可以采用以下简单方法做好防控工作：一是在仓窗上安装钢丝网或竹网，切断雀鸟进仓路道；二是在仓门板四周用白铁皮包护，再用白铁皮制作30cm宽光滑防鼠板卡置放仓门槛，切断鼠路；三是用碎玻璃、碎碗渣与黄沙、石灰或水泥混合加水搅拌成均匀稠状物封堵鼠洞；四是用水泥砂堵塞库区仓房内外洞、缝穴，及时清淤排水，清除垃圾；五是做好灭鼠工作，切断鼠源。

（三）入库高粱检验

1. 包装检查

有机高粱包装袋一般使用清洁标准麻袋，建议使用有机产品专用袋。禁止使用含有合成杀菌剂、防腐剂和熏蒸剂的包装材料，禁止使用化肥袋、农药袋、饲料袋等接触过禁用物质的包装袋或容器盛装有机高粱。

2.高粱品质检查

（1）高粱粒状检查。对拟入库高粱对照配制的样品进行比较和估算，要求高粱千粒重符合相关标准。有机高粱要求籽粒坚实、饱满、均匀、皮厚，籽粒剖面呈玻璃质状，千粒重在16～22 g。

（2）高粱净度检查。对拟入库高粱对照配制的样品进行比较和估算，要求高粱杂质、不完善粒含量不超过标准要求。有机高粱入库，要求杂质小于1%，不完善粒小于3%。

（3）高粱水分检查。对拟入库高粱对照配制的样品进行估测，或使用水分快速检测仪进行检测，要求水分含量在粮食安全储存标准以下。有机高粱入库要求水分含量在13%以下。

（4）高粱色泽检查。在自然光下观察，正常高粱表皮洁净，呈红褐色或暗红色等固有色泽。受水浸、霉变、虫害、发热以及污染的高粱，籽粒表皮色泽会变暗，而且随受害程度的大小发生改变。

（5）高粱气味检查。在清洁空气条件下，取少量样品直接嗅辨气味，检查高粱是否有异味。必要时，可取样加温鉴定，即：用60～70℃温水浸泡受检高粱籽粒2～3分钟，倒净温水后立即嗅辨。

（6）高粱农残检查。使用专门仪器或实验室方法对拟入库高粱进行抽样检测。有机高粱不得有农药残留。凡检测有农药残留的有机高粱，立即追溯其生产基地，该基地5年内不得申请基地和产品有机认证，8年内不得生产和销售有机产品。

（四）储藏方法

有机高粱入库储存，可散装储藏，也可包装储藏。

散装储藏又分为全仓散装和围包散装。全仓散装：将高梁直接靠墙散装，堆高高度以不超过仓房设计的堆高线（即安全储粮线）为宜。围包散装：用标准麻袋或有机专用袋装上高梁，码成"围墙"，在"围墙"内倒入高粱散装储藏。码"围墙"时，包包紧靠，层层骑缝，使围包连成一个整体。同时，由下而上逐层缩进，形成梯形，每层缩进以 3 ~ 5 cm 为宜。由于高粱散落性大，静止角小，侧压力大，因此在用袋装高粱码堆"围墙"时，"转墙"尽可能矮些、厚些，以增加安全性。

包装储藏即将高粱装入标准麻袋或有机专用包装袋后封扎好袋口再堆放储存。包装储藏时，粮包距离库房墙壁不得少于 50 cm，堆与堆之间留 60 cm 的走道；外层袋口一律朝里，堆码整齐，牢靠、不歪、不斜（图 57）。

图 57　袋装高粱整齐堆放

（五）储藏技术

储藏技术也称储藏手段，常用的有常规储藏和缺氧储藏。

1. 常规储藏

常规储藏指的是采用适时的通风、密封的方法进行保管的储粮手段。通风与密闭组成了常规储藏的全过程。通风开始结束密闭，通风结束密闭开始。

（1）通风。储粮期间，根据仓房内外温、湿情况，选择有利于降低粮温和水分的时机，打开门窗通风。也可以采用在粮堆装或分插管道（孔），或采取翻动粮面、"开沟扒塘"等辅助措施。在气温下降季节（通常指9月至次年2月）气温低于粮温时，储粮以通风为主。每10~15天翻1次。如果温差过大，可以5天左右翻1次。

（2）密闭。储粮期间关闭门窗或压盖粮面等一般性密闭措施。在气温上升季节（通常指3~8月）气温高于粮温时，储粮以密闭为主。少开门窗，保持粮堆仓房内低温（仓外热量传递进入少），延长安全保管时间。

2. 缺氧储藏

在密封条件下，由于储粮粮堆活性成分的呼吸作用，使粮堆内氧气消耗，二氧化碳积累；或人为地利用惰性气体（如氮气）充入密闭容器，造成一定的缺氧状态，从而抑制虫霉活动，延缓陈化，达到安全储粮目的（图58）。

（1）缺氧储藏对高粱质量的要求。水分在安全标准（13%以下），粮堆各部位水分、温度一致，无害虫，杂质少。

图58 高粱缺氧储存

（2）密封材料准备。一般选用聚乙烯或符合有机认证要求且能达到密闭效果的轻便材料为密封材料。用封口胶焊接封口。严格做到不留缝、不留空、无气泡。

（3）帐幕制备。

①查漏补洞。先将密封材料对着光亮或者做查漏架仔细检查，对漏洞和裂缝焊封和粘补。

②裁料焊制。根据高粱的数量和仓房条件，确定粮堆的大小和密闭形式，从而计算密封材料用料，进行裁剪制作。帐幕的长、宽、高通常比粮堆的实际长、宽、高大20 ~ 50 cm。制罩时密封材料边头要焊牢，并在预定部位开洞，焊上测温、测气、查粮等各种管孔。

（4）粮堆密封。

①堆垛五面封。先在确定的测温点装上测温器，做出测温点分布平面图，在线头顶端做好测温点的标示（或编号），引出测温线头。然后把密封帐幕套封在粮堆上，并把各种孔口焊接和粘合好，最后把帐幕下端与地坪粘贴起来。

②全仓密封。对结构好、密封性能高的散装仓，可采用全仓密封。具体操作如下：

第一，清仓嵌缝。在仓内进行清洁消毒的基础上，将墙壁、墙角、地面、房柱等各处空隙、裂缝认真嵌补、堵实、密封。第二，四壁贴封。按照粮堆高度，在粮面上50 cm处作上沿，沿墙四周挂好宽约1 m的密封材料，把密封材料下端贴封在四壁上，焊牢密封材料接头，粮食进仓后用粮食压实。第三，房柱密封。在房柱的上部做好长约1 m的柱套，上端呈喇叭口状，下端贴封于房柱在粮面下50 cm处，上端套口粮面密封帐幕焊牢。第四，进仓装粮。粮食进仓的同时，在粮堆内装好测温、测气、查粮的各种设备。绘制测温点分布平面图，引出测气管、测温线头并在线端做好测温点的标示（相应点的编号）。进仓完毕，平整粮面，按计划在粮面上铺好进仓走道，先铺硬走道（宽 50 cm 左右薄木板），再在硬道上铺软走道。第五，密封粮面。在粮面上覆盖密封材料，密封帐幕，将粮堆内外露的各种线、管引出幕外。

（六）仓储管理

仓储管理是高粱储藏中保证质量十分重要的环节，即使入库的高粱是符合入库标准的，仓库也是清洁卫生的，堆放也是科学合理的。如果管理不到位，储存的高粱也不一定能够安全度夏，为酿造高品质酱香白酒提供满足质量要求的优质高粱。

1. 储粮检查

开展储粮检查是发现隐患、排除隐患，保证储存高粱质量安全的主要手段。

检查内容主要有储粮温度、水分、虫害和粮食品质。三温：粮堆温度、仓内空间温度（内温）、仓外大气温度（外温）；三湿：粮食水分、仓内空气湿度、仓外大气湿度；虫害情况（密度）；高粱的色泽、气味等。

检查工具有温度计（酒精温度计、水银温度计、热敏电阻电子温度计）、测水仪、选筛、扦样器（包装/散装）、湿度计等。

检查形式分定期检查、普查和突击检查。目的是真实准确掌握粮食储藏期间的变化，发现问题，及时处理。

定期检查就是按照粮情检查制度规定的期限对储粮实施检查，系统地掌握粮情变化。普查就是在春、夏、冬季进行的以确保粮食安全为中心，采取上下结合、内外结合的方式，组成专门的质量安全检查组，按照"有仓必到、有粮必查、查必彻底、边查边处理"的原则进行的检查。突击检查就是在大风、雨、雪、雹、防汛期间对仓储工作中某个薄弱环节进行的临时性检查。临时检查即根据工作需要临时进行的检查。

（1）温度检查。

①储粮测温点选择。根据高粱的堆放方式，按照一定要求，选定有代表性的点确定为储粮测温点。

定层定点：按 100 m² 为 1 个区段设 4 角与中央共 5 点，需要时可增设点。堆高 2 m 左右设两层，3 m 左右设三层，各层相同位置的测温点在同一垂直线上，上下四周测温点设在距粮面、墙壁、地平 5 ~ 30 cm 处，中层设在上下层中间。机动设点：在粮堆表层、底层靠门窗部位向阳面、靠墙和梁柱的垂直层。

包装粮堆：分层设点，12 包高左右的粮堆检查的层点为由下而上的第 3、6、9 包或 2、5、8 包；堆垛较长的堆，每侧按三层三处设 9 点。必要时进行"挖心检查"。

②储粮温度检查原则。仪器检查与感官鉴定相结合，仪器检查为主，感官鉴定为辅。

主要观察温度计、测温仪的状态及显现数据来反映粮堆的状况。用赤脚在粮面走动（常规散装），通过脚的感觉来发现发热部位和露变结顶情况。从粮堆拨出粮温计，使杆沿着手心抽出，通过手的感觉来判断发热情况。最后借助缺氧储藏的粮面观察，帮助准确判断储粮情况。

③储粮温度检查期限。在粮温低于 15℃时（指最高部位温度，下同），安全粮 15 天内至少检查温度 1 次，半安全粮 10 天内至少 1 次，危险粮 5 天内至少 1 次。粮温高于 15℃时，安

全粮 10 天内至少检查温度 1 次，半安全粮 5 天内至少 1 次，危险粮 1 天 1 次。新粮入库 3 个月内适当增加检查次数。

温度检查，一般在上午 9:00 ~ 10:00 时进行。

（2）水分检查。

①水分检查取样点确定与测温点的方法相同。

②水分测定期限。安全粮每季度测 1 次，半安全粮每月测 1 次，危险粮根据情况随时测定。

③水分测定方法。主要用测水仪、湿度计等仪器设备测定。

（3）虫害检查。

①虫害取样点的确定。

散装粮：取样采用定点与易于生害虫部位相结合的办法，粮面面积 100 m² 以内设 5 个取样点，100 ~ 500 m² 的设 10 个点，500 m² 以上的设 15 个点；堆高 2 m 以下的，粮面取样，堆高 2 m 以上的设两层取样，第二层在 30 ~ 80 cm 处；温度高的部位独立选取。每点取样不少于 1 kg。

包装粮：分层设点取样，外层可适当多设点。500 包以下的粮堆取 10 包，500 包以上按 2% 的比例取样。先查露在外面的粮包外害虫头数，再用扦样法检查包内；必要时可拆包或倒包取样，包内、外以害虫密度大的部位计数（不能将两者相加平均计算）。

空仓、货场：按上下 4 边及 4 个角各取一点任选 10 个点，每点按 1 m² 计算害虫头数，先定点，后检查，注意选择范围内缝隙及杂物中害虫。

②测定和计算。用筛选法测定，按各取样点分别计算害虫密度，以严重的点代表全仓（堆）的害虫密度，用每千克粮内存有活虫数量表示。

根据国家有关粮食储藏的技术标准，虫粮等级一般按以下标准划分（单位：头/kg）：

基本无虫粮：害虫密度不大于5头/kg，或主要害虫密度不大于2头/kg。

一般虫粮：害虫密度在6～30头/kg，或主要害虫密度在3～10头/kg。

严重虫粮：害虫密度不小于30头/kg，或主要害虫密度不小于10/kg。

危险虫粮：感染了进境植物检疫性储粮害虫活体。其进境植物检疫性储粮害虫以最新公布的《中华人民共和国进境植物检疫情有害生物名录》为准。

③检查期限。粮温低于15℃时，20天检查1次；粮温15～25℃时，10天检查1次；粮温高于25℃时，5天内至少检查1次；危险粮在处理期间，每天检查。

（4）储粮品质检查。以感观为主，辅以仪器，对库存高粱的色泽、气味等性状进行检查，取样参照国家标准《粮食、油料检验扦样、分样法》（GB5419—1985）。一般检查时期在3月和9月。实际操作中，在进行温度、水分、虫情检查时，有经验的仓储管理员就会对高粱的色泽、气味等有了判断。

开展储粮检查，检查人员对检查情况必须在粮情检查记录簿上做详细记录。粮情记录是作为研究和分析粮情、进行处理、统计上报的依据。

根据粮情检查记录簿，绘制《粮温曲线图》。

粮食保管员每月要向单位管理负责人至少报告1次储粮安全情况，检查中发现问题必须及时上报。

2.储粮安全

（1）储粮处理方法。在检查中发现安全隐患，必须及时进行处理，确保储粮安全。

①高温粮。对入仓后温度仍持续高温或温度下降较慢的高粱，采取自然通风、仓内翻倒和摊凉的办法降温。

②发热粮。因粮食水分过高引起发热的，应采取降低粮食水分的措施，如日晒降水、烘干去湿处理等；因粮食后熟作用引起的粮温升高，应进行通风促进后熟；因粮食中含杂质过多引起的热量传导缓慢并发热者，应清除杂质，用风、筛、振动除杂等方式处理。

③高水分粮。采取晒晾方式降低高粱籽粒含水量，需根据日照、气温、风力、水分含量和晒场地坪条件等，决定高粱平摊的厚度。晾晒时尽可能顺风，适时翻动，6～9月晴朗天早上10:00时至下午16:00时，粮层摊晒厚度以6～10 cm为宜，1小时翻动1次。也可以采用机械干燥降水，运用烘干机对超安全储藏水分3%以上的高水分粮干燥降水。高粱烘干的温度不宜过高，一般以不超过55℃为宜。

（2）虫粮处理。虫粮处理要求采用综合防治措施，防治措施要符合"安全、经济、有效"的原则。

①对于基本无虫粮和一般虫粮，粮温在15℃以下时，可以不做防治，但要做好防护。

②属一般虫粮，粮温在15℃以上时必须在半月内防治。

③属严重虫粮，必须在1周内防治。

④属危险虫粮，必须立即封存隔离，限3天以内歼灭，并报经上级主管部门检查许可后，方可出仓。

（3）虫害防治。防治方法有如下3种：

①日晒和机械杀虫，日晒杀虫与日晒降水相同，日光暴晒时，粮温在46℃以上保持2小时。机械杀虫将虫粮通过烘干机，粮温控制在55℃左右。

②低温杀虫，在气温在 –4℃左右时，平摊粮食。在 –4 ~ 8℃时，用风车按除杂方式分离粮虫，再将虫杂埋入土中。

③过筛除虫，根据高粱籽粒和虫体大小来选择适合的清理筛，筛下出杂口套布袋接收，对筛下物进行碾压或烘炒，磨碎后用作饲料或肥料。

对于达到一般虫粮等级以上的高粱，不建议作为高端酱香白酒的酿造原料。

第八章　高粱病虫害防治

一、病虫害综合防治技术

高粱一生病虫害种类较多，常见病害主要有黑穗病、炭疽病、紫斑病、大斑病、红条病、纹枯病、顶腐病等；害虫主要有地老虎、蝼蛄、蛴螬、蛄蝓、芒蝇、粘虫、蚜虫、条螟等。高粱有机种植，其病虫害防治要坚持"预防为主、综合防治"的植保方针，因地制宜，综合应用、集成、优化农业、物理和生物等多种防治措施，既有效控制病虫危害，又获取最大的生态、经济和社会效益。

在防治策略上，要以作物本身为主体，以有机食品标准要求为前提。首先是以农业防治为基础，把好预防关；其次是辅助物理措施诱集害虫成虫，杀一灭百，乃至杀一灭万；第三是根据农业植保部门的病虫测报，结合实际田间调查，抓住主要发生病、虫种类，有的放矢，把握关键时期，科学合理地施用有机生物农药，做到"防早、防小、防少、防了"。

（一）农业防治

1. 播种期

(1) 选择良种。选择品种时，要做到优质、高产与抗病（虫）性兼顾。目前，抗逆性强、综合性状好的糯高粱品种有红缨子、红珍珠、黔高7号、黔高8号、金糯粱1号、红粱丰1号、茅粱1号、茅粱糯2号等。

（2）种子处理。一是在播种前晒种2～3天，杀死附着在种子上的虫卵和病菌；二是采取风选、筛选或水选的方法进一步将种子中的杂质、虫卵、虫蛀粒等进行淘汰，提高种子的纯净度。

（3）适期播种。根据高粱作物茬口、品种特性和气候条件，把握在3月下旬至4月下旬适时播种，有效减轻因"倒春寒"低温天气引发的生理性病害。

2. 苗 期

（1）合理施肥。施足底肥，三叶期及时追肥，以保证高粱苗健壮生长，增强抗病能力。

（2）浇水排渍。苗期天气和土壤干旱时要及时浇水；遇雨水过多，要清沟排水，降低田间湿度，防止苗床受渍，影响高粱苗正常生长发育。

（3）间苗定苗。齐苗后立即间苗、定苗，去弱留壮，除去病虫苗并及时带出田外沤肥处理。

（4）苗床除草。清除苗床内及四周杂草，减少病虫源，减轻病虫危害。

3. 大田期

（1）实行轮作。实行高粱—油菜轮作或高粱—马铃薯、高粱—蔬菜等模式的分带轮作，可有效减轻以土传病害为主的病虫危害。

（2）合理施肥。施足底肥，移栽成活后和在高粱拔节孕穗期用清粪水分别追施1次提苗肥和穗肥，使高粱植株健壮生长，增强抗病虫的能力。

（3）中耕除草培土。结合追肥及时中耕除草培土，降低田间湿度，减轻病虫害的发生。

（4）摘三叶。在高粱生长中后期及时摘除植株下部易于诱发蚜虫和感病的"老、黄、病"三叶，有效减少早期蚜量和降低以高粱炭疽病、紫斑病、纹枯病为主的病菌再侵染来源。

（5）清洁田园。高粱收割后，及时处理好病虫株残体，并将其机械粉碎后堆沤发酵、高温杀菌作为来年有机肥使用，以减少越冬病虫源基数，减轻来年病虫危害。

（二）物理防治

1. 黄、蓝板诱杀

黄、蓝板是根据蚜虫、芒蝇、粉虱等昆虫对特定波长的黄、蓝颜色有强烈趋性这一特性制成的物理杀虫装置，黄、蓝板就是通过设置害虫喜欢的特定颜色将害虫诱集，再利用粘虫胶将其捕获杀灭（图59）。对非目标生物无害。悬挂方法：在有翅蚜发生期和芒蝇成虫始发期，将黄板两端固定在木棍或竹竿上插入高粱地，撕下隔离纸，悬挂高度以黄板下端与作物顶部平齐或略高为宜，随作物生长高度进行调整，悬挂方向以板面朝东、西方向为宜。单位面积均匀挂黄、蓝板的数量为25～30张/667m²，每月更换黄、蓝板1次，以确保防治效果。

图 59 黄板诱杀高粱地有害昆虫

2. 性诱剂诱杀

性诱剂是一种高效无毒、不影响益虫和环境的防治药剂。

使用方法：根据高粱地块大小，采用 5 点或 3 点对角线布点，两点间距 15 ~ 20 m。选用瓷碗，用铁丝或尼龙绳套住碗，碗内放水，加少许洗衣粉，用一小段铁丝穿入"诱芯"，放入碗内距水面 1 cm 处。5 月上旬将性诱剂挂在高粱地内，每次 2 ~ 3 粒 /667m²，1 个月更换 1 次。

3. 糖醋液诱杀

根据高粱作物上发生的地老虎、粘虫、条螟等害虫成虫强烈的趋化性，首先按糖：醋：酒：水＝3：4：1：2 的比例，加入适量高效农药在其中并搅拌均匀配成糖醋液。然后，将糖醋液盛放在容器内（可自制容器：用可乐瓶或大的矿泉水瓶在瓶子的颈部膨大处下方 1 cm 处剪切一个对称的 2 cm×2 cm 的孔口，使用时在瓶中盛装糖醋液即可，这样可防晚上下雨药液失效或效果不好），在上述害虫成虫发生期均匀挂诱捕容器 5 ~ 10 个 /667m²（每隔 5 天酌情加糖醋液进行诱杀）。

4. 灯光诱杀

杀虫灯是根据害虫趋光性研发出来的科技产品，有蓝光灯、黑光灯、高压汞灯等。目前，太阳能频振式杀虫灯深受广大农民朋友的欢迎，在高粱有机生产中防治害虫具有广泛的应用前景。根据高粱种植的地理位置，每 2 ~ 3.3 hm^2 面积安装一台大功率杀虫灯进行控制（以杀虫灯底部距地面 1.5 m 高为宜），并在每年的 4 月开灯，9 月收灯，每隔 5 ~ 7 天收集处理一次接虫袋中的害虫，在取虫时注意清扫附着在杀虫灯上的死虫（图 60）。

图 60 高粱地杀虫灯夜间工作状

（三）生物防治

1. 保护利用天敌

保护利用七星瓢虫、草蛉、食蚜蝇、寄生蜂等捕食性和寄生性天敌，能有效控制蚜虫和鳞翅目害虫的发生和发展。

2. 生物农药

生物农药是指利用生物活体或其代谢产物对害虫、病菌、杂草、线虫等有害生物进行防治的一类农药制剂，或者是通过仿生合成具有特异作用的农药制剂。我国生物农药按照其成分和来源可分为微生物活体农药、微生物代谢产物农药、植物源农药、动物源农药四类。目前，在我国有机农业生产实际中，比较常用的生物农药有苏云金芽孢杆菌（Bt）、白僵菌、绿僵菌、蛇床子、除虫菊素、印楝素、鱼腾酮、苦参碱等。

二、有机高粱常见病害防治

高粱生产上发生的病害很多，全世界已报道的病害有60余种，国内发现的也有30余种。在环境条件适宜时，这些病害常流行成灾，造成减产和品质降低。下面介绍一些西南地区高粱生产上的常见病害的症状特点、病原特性、发病规律和有机防治要点。

（一）高粱丝黑穗病

高粱丝黑穗病，又称乌米，是高粱上危害严重的病害。此病广分布于世界各地的高粱生产区，在我国各高粱产区均有发生，一般发病率为3%～5%，某些年份可达到10%～20%。20世纪90年代后高粱丝黑穗病菌的3号小种被发现，现已广泛分布于我国的高粱生产区，致使此病病情又呈回升趋势，个别地块发病率高达80%以上。目前，高粱丝黑穗病病菌又有新的分化现象出现，特别是在长期种植高粱的区域，对高粱的生产威胁很大。

【**症状特点**】

病菌主要危害高粱穗部，使整个穗部变成黑粉，在孕穗打苞期出现明显症状。发病穗头苞叶紧实，中下部稍膨大，手捏有硬实感，剥开苞叶穗部显出白色棒状物，外围有一层白色薄膜。成熟后，白膜破裂，散出大量黑色粉末，露出散乱的成束的丝状物（俗称"乌米"）（图61），故称为丝黑穗病。主秆上的"乌米"打掉后，其后长出的分蘖穗仍然形成丝黑穗。有的病穗基部可残存少量小穗分枝，但不能结实。有的病株穗部形成丛簇状病变叶，有的形成不育穗。病株常表现矮缩，节间缩短，特别是近穗部节间缩短严重。

图61 高粱丝黑穗病穗受害状

叶片偶尔也会受害，其上形成红紫色条斑或黄褐色条斑，斑上有稍隆起的小瘤，后期破裂散出黑褐色冬孢子，但数量较少。有时，在同一病株的分蘖上，可见丝黑穗病与散黑穗病或坚黑穗病复合侵染发病的现象，表现出同株主茎或分蘖茎的穗部长出两种黑穗病的情况。

【病原特性】

高粱丝黑穗病的致病菌为丝轴团散黑粉菌，属担子菌亚门团散黑粉菌属真菌。

病菌冬孢子在气温为 15 ~ 36℃的条件下均能萌发，最适温度为 28 ~ 30℃。萌发的适宜 pH 值为 4.4 ~ 10。除高粱外，丝黑穗病菌还可侵染玉米、约翰逊草、苏丹草，以及高粱属的其他植物。高粱丝黑穗病菌存在明显的生理分化现象，国外报道有 4 个生理小种，我国高粱丝黑穗病菌有 4 个生理小种，目前 3 号小种是我国高粱产区的优势小种。

【发病规律】

病菌主要以冬孢子在土壤中或种子表面越冬。冬孢子在土壤中可存活约 3 年，夏秋季多雨的年份能缩短冬孢子寿命。散落在地表和混在粪肥中的冬孢子是高粱丝黑穗病菌的主要侵染来源。种子带菌虽不及土壤和粪肥带菌传播重要，但却是病菌远距离传播的重要途径。

高粱丝黑穗病为幼苗系统侵染病害，幼苗出土前是主要感染时期。冬孢子萌发后直接侵入幼芽的分生组织，菌丝生长于细胞间和细胞内，并随着植株生长向顶端分生组织发展；植株进入开花阶段后，菌丝急剧生长成产孢菌丝，大量产生冬孢子，形成高粱"乌米"。病菌侵染高粱幼苗的最适时期是从种子破口露出白尖到幼芽生长至 1 ~ 1.5 cm 时，芽高超过 1.5 cm 后则不易侵染。高粱幼苗的侵染部位主要是中胚轴，其次为胚芽鞘和胚根，因此幼芽出土前是主要侵染阶段。此期间土壤温度、湿度、播种深度、出苗快慢和土壤中病菌含量等与高粱丝黑穗病发生程度关系密切。此病发生适宜温度为 20 ~ 25℃，适宜含水量为 18% ~ 20%，天气冷凉、土壤干燥有利于病菌侵染。促进高粱快速出苗可减少病菌侵染几率，降低发病率；播种时覆土过厚、保墒不好的地块出苗慢，发病率显著高于覆土浅、保墒好的地块。不同的品种、自交系间的抗病性差异很大。

【**防治要点**】

（1）种植抗病品种。根据高粱丝黑穗病菌不同小种的分布流行区选用相应的抗病品种。可选用青选一号、青选二号、青壳洋、红缨子、红珍珠、红青壳等本地抗病品种。

（2）品种合理布局。当某一新生理小种流行危害时，应立即停止种植当地品种，更换抗新小种的高粱品种。同时，不同亲缘或抗性基因的高粱品种轮换交替种植，可以克服病菌对品种专化性致病性的快速产生。切忌在同一地区长期种植亲缘单一的品种或杂交种。

（3）建立无病种田。种子带菌是仅次于土壤带菌的重要传播途径。同时又是病菌远距离传播的重要途径，建立无病繁种基地也是防治高粱丝黑穗病的重要途径之一。

（4）科学耕作栽培。①改进栽培技术，注意与其他作物进行3年以上的轮作倒茬。②适时播种，避免不恰当追求早播，否则地温低出苗慢，增加病菌的侵染几率。③播种时精细整地，保持良好的土壤墒情，同时采用综合措施促进高粱幼苗早出土、快生长，以减少病菌侵染机会，减轻病害发生。④注意病害调查，在田间植株孕穗期到出穗前（"乌米"破肚之前），及时彻底拔除病株，带出田地外深埋，避免病菌孢子散落于土壤中，以减少和消灭初侵染来源。

（5）进行种子消毒。应用生物药剂处理种子，不仅可杀死种子表面携带的冬孢子，还可有效地控制在最适感染期内的病菌侵染。可以用1%～5%的石灰水进行浸种处理，也可以用一些生物杀菌剂如印楝素等进行拌种处理。

（6）改进育苗方式。采用无土育苗——漂浮育苗方式可杜绝育苗期土壤病菌侵染，可大幅度降低高粱发病几率。

（二）高粱散黑穗病

高粱散黑穗病，又称散粒黑穗病，俗称灰疸，是高粱的重要病害之一。此病广泛分布于世界各国高粱生产区，可造成食用和饲用高粱减产。我国各高粱产区发生较为普遍，一般发病率为3%～5%，个别地块高达90%以上。20世纪50年代此病发生一直较为严重，后来由于大力推广药剂拌种和种植抗病品种，病害得到有效控制。但是，后来随着汞制剂的停止使用，感病品种的大量种植，在一些地区该病又呈回升趋势。

图62　高粱散黑穗病穗受害状

【症状特点】

病菌主要危害穗部。被害植株较健株抽穗早，植株较矮，节数减少，有的品种可致枝杈增加。一般全穗发病，但保持原来穗形。籽粒各自变成卵形灰包，从颖壳伸出，外膜破裂后散出黑褐色粉状冬孢子，最后仅留柱状的孢子堆轴（寄主组织的残余部分）。病粒通常护颖较长（图62）。有的部分小穗可正常结实。

高粱散黑穗病的初期症状易与坚黑穗病混淆，但其灰白色膜早期破裂，孢子散落后露出长而突出的中柱，以及护颖变长等，是与后者明显区分的特点。

【病原特性】

病菌为高粱轴团散黑粉菌，属担子菌亚门团散黑粉菌属真菌。

病菌冬孢子萌发温度为 12 ～ 36℃，最适温度为 25℃。冬孢子萌发的适宜 pH 值为 4.5 ～ 8。除高粱外，高粱散黑穗病菌还可侵染苏丹草、帚用高粱及具有阿拉伯草亲缘的甘蔗品种。高粱散黑穗病菌存在明显的生理分化现象，国外报道有至少 2 个生理小种，我国高粱散黑穗病菌生理小种分化情况尚无定论。

【发病规律】

种子带菌是其主要初侵染菌源，土壤中的冬孢子越冬后存活率不高，因此不是重要的侵染菌源。在田间冬孢子可散落粘附在健穗种子上，秋收后病穗和健穗混放脱粒时，病穗上散出的冬孢子也可附着于种子表面，致使种子带菌。由于病穗上冬孢子堆的外膜容易破裂，在高粱收获前很易散落于田间，使土壤中含有的大量冬孢子成为初侵染菌源。

翌年春季条件适宜时，越冬的病菌冬孢子萌发产生担孢子，担孢子结合形成双核菌丝，从高粱的幼苗或幼根侵入，逐渐在高粱体内系统蔓延。经过较长一段潜育期，最后到达寄主花器，使花序中的小穗成为孢子堆（黑穗）。土壤温度低、含水量少、覆土厚时，幼苗出土时间长，利于病菌侵染。品种间对散黑穗病的抗病性有明显差异，农家品种多不抗病。许多国家进行了品种抗病性鉴定筛选和抗病品种选育工作。

【防治要点】

（1）做好种子处理。带菌是散黑穗病的主要侵染方式，因此种子处理是防治散黑穗病的关键措施。通常用1%～5%的石灰水浸种和用生物农药拌种。

（2）选用抗病品种。依据研究明确的我国生理小种类群及分布，针对小种的分布区系选择高抗乃至免疫品系，培育高产抗病良种。

（3）建立无病留种田。带菌种子是主要的初侵染菌源，建立无病留种田至关重要。

（4）改进栽培技术。①散落在田间土壤里的冬孢子越冬后也是侵染来源，因此可采用与非寄主作物轮作，秋翻土壤将病株残体和散落于地表的冬孢子深埋土里以消灭越冬孢子。②播种前精细整地，适时播种，保持良好的土壤墒情，以缩短幼苗出土期，均可减轻发病。③病穗刚抽出、孢子堆外膜尚未破裂时及时拔除病株深埋，清除田间菌源，也可减轻发病。

（5）改进育苗方式。利用漂浮育苗方式可杜绝育苗期病菌侵染，大幅度降低高粱散黑穗病的发病几率。

（三）高粱坚黑穗病

坚黑穗病也是高粱上常见的一种黑穗病，广泛分布于世界各高粱产区。在我国，此病虽不如丝黑穗病和散黑穗病危害严重，但分布也很广泛。据调查，云南、四川、贵州、江苏、湖北、河北、山东、山西、甘肃、新疆、内蒙古、辽宁、吉林和黑龙江等省（区）均有不同程度的发生。历史上，感病品种集中种植或种子消毒推广较差的地方高粱减产曾达到20%～60%。

【症状特点】

病菌主要危害穗部，在抽穗后表现出明显症状。病株高度与健株区别不大，通常病穗上的各个小穗全都被害变为卵形菌瘿, 外包灰色被膜, 坚硬不破裂或仅顶端稍开裂, 内部充满黑粉; 内外颖很少被害, 内部中柱也不被破坏; 受害穗形状不变, 仅是籽粒表现稍大; 有的出现部分小穗未被侵害、正常结实的情况。

坚黑穗病与散黑穗病的主要区别: 前者病粒外膜较厚, 通常不破裂, 黑粉不散失, 即使有时外膜顶端出现破裂, 但其中柱也不全部裸露而只露出尖端。

【病原特性】

病菌为高粱坚团散黑粉菌, 属担子菌亚门团散黑粉菌属真菌。

病菌冬孢子萌发温度为 15 ~ 35℃, 最适温度为 25℃。冬孢子在水中或其他营养液中均可萌发。新采收的冬孢子无需经过休眠期可立即萌发。在适宜的干燥条件下, 冬孢子存放很长时间仍具有萌发力。坚黑穗病菌可侵染高粱属多种植物, 如高粱、苏丹草、约翰逊草等。曾有报道, 高粱坚团散黑粉菌也可以侵染玉米。坚黑穗病菌存在生理小种, 目前国外已报道的至少有 8 个。

【发病规律】

高粱坚黑穗病是种子传播、幼苗侵染的系统性病害, 与高粱散黑穗病的发病规律较为相近。病菌以冬孢子越冬, 冬孢子可在干燥条件下随种子存活数年, 以种子带菌为主要传播途径。由于病粒在田间不易破裂, 故散落在土壤中的冬孢子较少, 且在田间的越冬能力较弱, 所以病菌的土壤传播较为次要。通常, 冬孢子经牲畜的胃肠消化道后即失去生活力, 因此厩肥也不是侵染来源。在田间, 春季条件适宜时, 病菌与种子同时萌发, 幼芽期侵入寄主, 定植于分生组织内, 菌丝随寄主的分生组织生长, 最后进入分化的小花里形成黑穗。

坚黑穗病发病轻重与土壤温湿度、pH值、播种深度、出苗速度、种子带菌量及品种抗病性有关。

【防治要点】

参照高粱散黑穗病相关的防治方法。

（四）高粱黑束病

高粱黑束病于1971年在埃及首次报道，随后美国、阿根廷、委内瑞拉、墨西哥、洪都拉斯和苏丹等相继报道在高粱上发生黑束病。该病可造成减产50%以上。我国于1991年在辽宁省的高粱上首次发现此病，此后在吉林、黑龙江及山东等省的高粱产区调查，也发现有黑束病的发生，并有逐年加重的趋势。

【症状特点】

高粱黑束病在苗期造成死苗；高粱的整个生长期均可表现症状，成株期症状明显。发病初期叶脉黄褐色或红褐色（因品种而异），随之沿叶片的中脉出现同色条斑，并逐渐发展纵贯整个叶片，最后叶脉呈紫褐色或褐色（图63）。发病叶片逐渐失水，从叶尖、叶缘向基部及叶鞘扩展，导致叶片干枯。感病植株的上部叶片和新梢先出现枯死，剖开茎秆可见维管束变为红褐色或黑褐色。严重时，整株从顶部叶

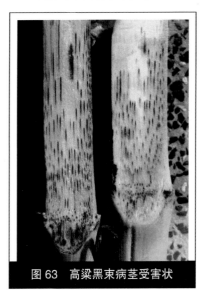

图63 高粱黑束病茎受害状

片开始自上而下迅速干枯,后期死亡。有的病株上部茎秆变粗,出现分枝,不能正常抽穗和结实。病株叶基部、叶鞘上出现灰白色霉状物,即分生孢子梗和分生孢子。

黑束病的症状易与细菌条纹病或玉米矮花叶病症状相混淆,因此在病害诊断时要特别注意区别。

【病原特性】

高粱黑束病的致病菌为点枝顶孢霉,属半知菌亚门真菌。

病菌生长温度为 6 ~ 40℃,适宜温度为 25 ~ 30℃。在 pH 值 3 ~ 11 之间均能生长,最适 pH 值为 5 ~ 8。病菌可在多种培养基上生长。除侵染高粱外,还能侵染玉米、苏丹草、棉花及狗尾草等。

【发病规律】

高粱黑束病为土壤和种子带菌传播的系统性侵染病害。病菌以菌丝体在病株残体上越冬,成为次年的初侵染源。在田间,病菌先定植于高粱根部和幼芽,逐渐向上扩展蔓延到维管束组织中,也可从叶部侵染发展危害。伤口有利于病菌的侵染。高粱品种间的抗病性有明显差异。

【防治要点】

(1)选种抗病品种。高粱品系间抗病性差异明显,选育和种植抗病品种是经济有效的技术措施。

(2)改善栽培措施。在田间发现病株时,及时挖除并彻底销毁,增施钾肥提高植株抗病性。与非禾本科作物轮作倒茬,可减轻发病。在防治高粱黑束病的同时,注意其他作物黑束病的同步防治。

(3)改进育苗方式。采用漂浮育苗方式,可杜绝育苗期病菌侵染,大幅度降低高粱发病几率。

(4)药剂防治。可用 1% ~ 5% 的石灰水进行浸种处理,或用一些生物杀菌剂如印楝素等进行拌种处理。

（五）高粱顶腐病

高粱顶腐病最早于 1986 年在爪哇的甘蔗上被发现，此后该病在世界上多个国家的高粱产区发生流行。我国于 1993 年首次报道在辽宁省发现有高粱顶腐病。目前在我国华北、东北、西南高粱生产区均有发生，一般发病率在 3% ~ 5%，重病区发病率在 40% 以上。

【症状特点】

高粱顶腐病可危害高粱叶片、叶鞘、茎秆、花序及穗部。此病的典型症状是，植株近顶端叶片畸形、折叠和变色。在植株喇叭口期，顶部叶片沿主脉或两侧出现畸形、皱缩，不能展开。发病严重时，病菌侵染叶片、叶鞘和茎秆，造成植株顶部 4 ~ 5 片病叶皱缩，顶端枯死，叶片短小，甚至仅残存叶耳处部分组织（图 64）。在轻病株上表现出类似由玉米矮花叶病毒引起的黄叶斑症状，或由细菌引起的黄色叶斑病症状。其区

图64　高粱顶腐病叶片受害状

别点是，高粱顶腐病叶片基部皱缩，边缘有许多小的横向刀切状缺刻，切口处褪绿变黄白色；随植株生长叶片伸展，叶片顶端呈撕裂状，断裂处组织变为黄褐色，叶片局部有不规则孔洞出现；病株根系不发达，根冠及基部茎节处变为黑色。

花序受侵染时，可造成穗部短小，轻者小花败育干枯，重者整穗不结实。一些品种感病后植株顶端叶片彼此扭曲包卷，嵌住新叶顶部，呈长鞘弯垂状，使继续生长的新叶呈弓状。叶鞘、茎秆受害，导致叶鞘干枯，茎秆变软倒伏。田间湿度大时，病株被害部位表面密生粉红色霉层。

【病原特性】

高粱顶腐病致病菌为亚粘团镰孢菌，属半知菌亚门镰刀菌属真菌，其有性态为藤仓赤霉亚粘团变种。

病菌菌丝生长温度为 5 ～ 35℃，适宜温度为 25 ～ 30℃，以温度 28℃下生长最快；适宜菌丝生长的 pH 值为 6 ～ 7。小型分生孢子萌发温度为 25 ～ 28℃，孢子萌发的适宜 pH 值为 6 ～ 8。大型分生孢子的产生与不同培养基、pH 值、光照条件关系密切。在人工接种条件下，病菌可侵染多种禾本科作物，如高粱、玉米、苏丹草、哥仑布草、谷子、水稻、燕麦、小麦和狗尾草等。

【发病规律】

病原菌主要在病株残体上越冬，成为翌年的初侵染菌源。高粱不同品种或基因型间发病轻重差异明显。

【防治要点】

（1）选种抗病品种。可选用青选一号、青选二号、青壳洋、红缨子、红珍珠、红青壳等本地抗病品种。

（2）改进栽培管理。合理轮作，提高土壤墒情，减少菌源，兼顾防治玉米等其他禾谷类作物上的该病害。

（3）种子处理。可用1%～5%的石灰水进行浸种处理，或用一些生物杀菌剂如印楝素等进行拌种处理。

（4）生物防治。用0.2%增产菌拌种或叶面喷雾，对顶腐病有一定的控制作用。用哈氏木霉菌或绿色木霉等生物防治菌拌种或穴施，具有一定的防治效果。

（六）高粱大斑病

高粱大斑病广泛分布于世界各高粱产区，在美国、阿根廷、墨西哥和以色列等国该病害发生较为严重。在感病品种上于抽穗前发病重时，可造成籽粒减产50%以上。此病在高粱产区分布较为广泛。

【症状特点】

在高粱幼苗期，大斑病可发生严重危害，成株期病害症状明显。幼苗期叶上初生小赤红色或黄褐色斑点，后扩大汇合形成较大病斑，淡紫灰色，叶片枯萎，幼苗枯死。成株期叶片上病斑呈长梭形或长椭圆形，中央淡褐色至褐色，边缘紫红色（图65），病斑大小为2.5～15 cm×0.4～1cm。病害

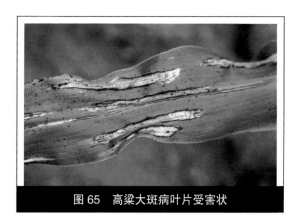

图65 高粱大斑病叶片受害状

常常先从下部叶片开始发生，逐渐向上部叶片扩展。品种抗性水平不同，其病斑形状、大小也有差异。病斑上常有不规则的轮纹，两面密生黑色霉层（分生孢子梗和分生孢子）。严重时病斑汇合，引起叶片枯死。由于叶片受害，植株生长衰弱，常常造成籽粒减产。

【病原特性】

高粱大斑病致病菌为玉米突脐蠕孢菌，属半知菌亚门突脐蠕孢属真菌，其有性态为玉米大斑刚毛球腔菌。

菌丝体发育温度为 10 ~ 35℃，最适温度为 28 ~ 30℃。分生孢子形成温度为 13 ~ 30℃，最适温度为 20℃。孢子萌发和侵入适宜温度为 23 ~ 25℃。分生孢子的形成，特别是萌发和侵入都需要高湿条件。光线对分生孢子的萌发有一定的抑制作用。高粱大斑病菌除侵染高粱外，还侵染玉米、苏丹草、约翰逊草、大刍草及雀稗。高粱大斑病菌里至少有 4 个生理专化型。

【发生规律】

主要以菌丝体和分生孢子在土壤中和土表的病株残体上，以及苏丹草种子颖壳上越冬。分生孢子的细胞可转变为厚垣孢子越冬，成为翌年的初侵染菌源。土壤中病株残体内的菌丝体可存活数年，种子和颖壳上的分生孢子也能存活两个冬天，种皮上也可带菌。在生长季适宜的条件下，越冬的病株残体上产生的分生孢子借风和雨水传播，分生孢子在叶片表面萌发产生芽管，形成附着胞，在附着胞下面再形成侵染丝，经角质层侵入寄主细胞，使叶片上出现病斑。在一些抗病的高粱品种上，有时也可见到像玉米上表现的褪绿斑；在感病品种上，菌丝侵入维管束进入导管吸收营养进行繁殖，堵塞导管导致叶上形成枯死病斑。叶片发病后不仅破坏光合作用，而且能引起植株早枯或叶片枯死,又易导致由其他病原菌侵染引起的茎腐病。

气温 18 ~ 27℃和多露条件有利于病害的发生和流行,干旱则抑制病害发展。白天降雨后,分生孢子大量释放,故频繁降雨、高湿和夜间多露条件下发病重。

品种间抗病性明显不同,利用品种的抗病性能有效地防治大斑病的发生。

【 防治要点 】

防治高粱大斑病应采取以种植抗病品种为主,科学布局品种、减少病菌来源、增施粪肥、适期早播、合理密植等综合防治技术措施。

(1)选用抗(耐)病品种。选用抗病品种是控制大斑病发生和流行的根本途径。

(2)合理布局品种。大斑病的发生与流行,除因菌源数量充足、气候条件适宜、品种抗性不强外,一个不容忽视的重要原因是,在品种群体里亲本品系单一化及由此带来的抗性遗传的一致性和细胞质的一致性。在生产上应种植不同抗性的品种,使品种群体的抗病性在遗传上具有异质性和多样性,降低病菌致病性变异速度。有计划地进行抗病基因轮换,以中断小种优势的形成,保持品种抗病性的相对稳定。

(3)改进栽培管理。适期早播可以缩短后期处于高温多雨或高湿阶段的生育时间,对避病和增产有较明显的作用。合理密植,防止种植过密,实行与矮秆作物如小麦、大豆、花生、马铃薯等作物间作套种,可增强通风透光,减轻发病。加强肥水管理,在施足基肥的基础上适期追肥,可提高高粱抗病能力。高粱收获后及时翻耕,将病残体翻入土中加速其分解,以减少田间初侵染菌源,减轻病害。

（4）药剂防治。由于高粱植株高大，生长季田间喷药作业不易操作，加上有机生产严格限制投入物质等因素，目前在有机生产条件下进行大面积药剂防治不太现实。

（七）高粱靶斑病

高粱靶斑病于1939年在美国报道发生于苏丹草上，其后在巴基斯坦、印度、苏丹、津巴布韦、以色列、菲律宾高粱产区相继报道有此病发生。我国于1992年发现此病，是高粱上发生的一种重要的叶部病害。目前，高粱靶斑病已经成为我国高粱生产区的主要叶部病害之一，严重时可造成高粱减产达50%。

【症状特点】

高粱靶斑病主要危害植株的叶片和叶鞘，抽穗前症状表现明显。发病初期，叶面上出现淡紫红色或黄褐色小斑点，后为椭圆形、卵圆形至不规则圆形病斑，常受叶脉限制呈长椭圆形。病斑通常为紫红色或黄褐色，扩展迅速，常显现出浅褐色和紫红色相间的同心环带，似不规则的"靶环状"（图66），大

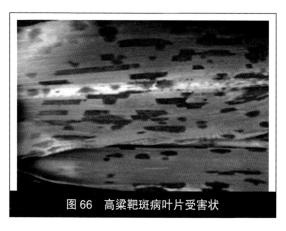

图66 高粱靶斑病叶片受害状

小从几毫米至数十毫米不等。发病重时多个病斑汇合，导致叶片大部分坏死。田间高粱植株抽穗前症状尤为明显。籽粒灌浆前后，感病品种植株的叶片和叶鞘自下而上被病斑覆盖，多个病斑汇合导致叶片大部分组织坏死。

【病原特性】

高粱靶斑病致病菌为高粱生双极蠕孢菌，属半知菌亚门双极蠕孢属真菌。

病菌生长温度为 5 ~ 35℃，适宜温度为 25 ~ 30℃；在 pH 值为 3 ~ 10 的条件下分生孢子均能萌发，最适 pH 值为 6 ~ 7。

【发病规律】

病菌以菌丝体和分生孢子在土壤表面残落的或堆积在村寨附近高粱秸垛中的病株残体上越冬，也能在野生寄主如约翰逊草上越冬，成为翌年的初侵染菌源。在适宜的温度、湿度条件下，分生孢子萌发，芽管顶端形成附着胞，从叶片表皮侵入高粱等寄主。

靶斑病在高粱各生育阶段均可侵染发生。田间温度高、湿度大时，特别是 7、8 月份高温多雨季节，病害流行较快。不同高粱品种对该病的抗性有明显差异。

【防治要点】

（1）选用抗（耐）病品种。选用抗病品种是控制高粱靶斑病发生和流行的根本途径。

（2）合理布局品种。在生产上，有计划地合理布局品种，有计划地进行抗病基因轮换，保持品种抗病性的相对稳定。

（3）改进栽培管理。合理密植，防止种植过密，实行与矮秆作物间作套种，增强通风透光。加强肥水管理，在施足基肥的基础上，适期追肥，以提高高粱抗病能力。高粱收获后及时翻耕，将病残体翻入土中加速其分解，并及时处理掉堆积在地块附近的高粱秸垛,可减少田间初侵染菌源,减轻病害。

（4）药剂防治。由于高粱植株高大,生长季田间喷药作业不易操作,加上有机生产严格限制投入物质等因素,目前在有机生产条件下进行大面积药剂防治不太现实。

（八）高粱紫斑病

高粱紫斑病广泛分布于日本、菲律宾、印度、原苏联、意大利,以及非洲和美洲的一些国家。我国凡种植高粱的地区,均有该病的发生。

【症状特点】

高粱紫斑病主要危害叶片、叶鞘和上部茎秆,多发生于下部叶片。叶片上初呈小的红色斑点,后扩大为椭圆形至矩圆形,多限于平行叶脉之间,紫红色,无明显的边缘或有时具淡紫色晕环。病斑多单生,有时病斑汇合成长条状或不规则形大斑（图67）。湿度大时,叶片病斑的正、反两面密生分生孢子。叶鞘上病斑较大,但很少产生分生孢子。

图67 高粱紫斑病叶片受害状

高粱紫斑病症状易与靶斑病的相混淆，诊断时应特别注意。

【病原特性】

高粱紫斑病致病菌为高粱尾孢菌，属半知菌亚门尾孢属真菌。

病菌在大多数培养基上生长缓慢，产生灰色不产孢子的菌落，但是，在胡萝卜煎汁琼脂培养基上或通过紫外线照射培养很易产孢。菌落上能产生墨绿色的菌核。老熟菌丝喜偏酸性的培养基，菌丝生长最适 pH 值为 4 ~ 6，37 ~ 38℃的高温对其生长有抑制作用。

【发病规律】

病菌以菌丝体和分生孢子在田间的病株残体、野生高粱及其他杂草和种子上越冬，成为翌年的初侵染菌源。病斑上形成的孢子是重复侵染的主要菌源。分生孢子借风和雨水传播。在叶表面水滴中孢子萌发产生芽管，经气孔侵入叶组织。有的老熟孢子可直接从顶端细胞产生分生孢子梗，其上再生分生孢子进行传播侵染，分生孢子梗亦可直接产生萌芽管侵入寄主。在温暖、多湿条件下，人工接种后经 12 天形成病斑，并开始产生孢子。刺伤接种的叶片仅需 7 天即可形成病斑。

温暖、潮湿条件利于发病。品种间对紫斑病的抗病性有明显不同，如"红缨子"对该病表现为高抗至中抗。

【防治要点】

参照高粱靶斑病的相关防治方法。

（九）高粱纹枯病

高粱纹枯病分布很广，不同年份其危害程度差别较大。近年来，由于高粱栽培密度加大，该病害有加重流行趋势。遇上多雨高湿的年份，高粱因纹枯病造成叶片、叶鞘和茎秆腐烂，产量因此受到严重损失。

【症状特点】

高粱纹枯病主要危害植株叶片和基部 1 ~ 3 节的叶鞘。受害部位初生水浸状、灰绿色病斑，后病斑变为黄褐色或淡红褐色，中央灰白色坏死，边缘颜色较深，椭圆形或不规则形，大小不等，一般直径 2 ~ 8 mm（图 68）。后期病斑互相汇合，导致叶部分或全部枯死。后期在叶鞘组织内或叶鞘与茎秆之间形成淡褐色、颗粒状、直径 1 ~ 5 mm大小不等的菌核。

图 68　高粱纹枯病茎叶受害状

【病原特性】

高粱纹枯病致病菌为茄丝核菌，属半知菌亚门丝核菌属真菌。

病菌还可侵染玉米、水稻等作物，以及其他杂草，引发纹枯病，也可引起大豆和菜豆植株枯萎。

【发病规律】

病菌以菌丝和菌核在病株残体中或散落于土壤内越冬，成为翌年的初侵染菌源；借气流和雨水传播到叶片和叶鞘上，进行初侵染。高温、潮湿多雨的条件适于病菌萌发侵染，形成病斑。田间靠病、健株相邻接触或借雨水反溅，将病株上新产生的菌核或菌丝传播倒健株上，进行重复侵染。田间病菌产生的担孢子是重要的再侵染菌源。

病害的发生与气候条件的影响关系密切，高温、多雨、田间湿度大的年份和地区发病严重。连作重茬利于土壤中菌源积累，发病率较高。栽培管理及种植方式也与病害发生的严重程度密切相关，一般氮肥施用过多、长势偏旺、地势低洼、排水不良的地块病情较为严重；氮磷钾合理配合，对病害有一定的控制作用；植株密度过大，株间通风透光不良利于发病。高粱品种间的抗病性有一定差异。

【防治要点】

（1）减少田间菌源。由于遗落在田间越冬的菌核是该病发生的重要初侵染源，所以倒茬轮作是经济有效的防病措施。要注意及时清除遗留在田间的病株残体，并进行深翻，将带有菌核的表土层翻压到活土层以下，以减少有效菌核的数量。田间发现初期，及时摘除病叶，深埋或烧毁，可减少再侵染菌源。

（2）应用抗病品种。不同品种对该病抗性存在着较明显的差异，应因地制宜地选种。

（3）加强栽培管理。改善栽培管理，提高品种的抗病性，控制纹枯病发生与发展的条件。注意均衡施肥，防止后期脱肥，避免偏施氮肥，适当增施钾肥，合理密植，低洼地注意及时排水，对病情都有控制作用。

（4）早期摘除病叶。从高粱生育前期开始，随时检查田间发病情况，及时摘除病叶，带出田间深埋或烧毁，防效明显高于喷施井冈霉素的效果。

（5）药剂防治。对低洼潮湿、高肥密植、生长繁茂、遮阴郁闭、容易发病的田块，于高粱孕穗期开始，注意田间检查，摘除病叶、鞘，并及时喷药保护，药液要喷在植株下部茎秆上。防治效果较好的药剂有卫保、三保奇花等。

（十）高粱茎腐病

高粱茎腐病广泛发生于世界的热带和温带高粱产区。除危害高粱外，还可侵染玉米、谷子、苏丹草、水稻和甘蔗等，发病大田一般减产5% ~ 10%，个别严重地块甚至绝收。

图69　高粱茎腐病根茎受害状

【症状特点】

高粱茎腐病主要危害高粱根部和茎基部，可表现根腐和茎腐两种症状类型。该病可导致病株籽粒灌浆不饱满，生长势弱或花梗折断，茎秆破损及植株倒伏（图69）。

（1）根腐症状。病菌先侵染高粱根部的皮层，然后扩展到维管束内。在新根上形成大小不等、形状不一的病斑，在老根上随病情加重变为根腐，形成锚状根，严重时植株很易从土里拔出。

（2）茎腐症状。先在植株下部的第2或第3节间处形成小圆形至长条状、淡红色至暗紫色的小型病斑，植株髓部变淡红色。叶片骤然青枯呈淡蓝灰色，很似霜害或日烧状。病株穗部失去光泽，且明显比正常穗小，多数小花不育，籽粒瘪瘦。开花后的病株易从茎腐部位倒伏或发生花梗折断。

由镰孢菌引起的茎腐病症状明显不同于炭腐病症状，前者病部色泽不明显，破坏髓部组织速度缓慢，引起茎腐症状需2 ~ 3周时间。然而，炭腐病引起茎腐症状只需2 ~ 3天，且发病后期组织上长满菌核，这是鉴定炭腐病的重要特征。

镰孢菌茎腐病与炭疽病菌引起的茎红腐和花梗衰败症状也有明显不同：镰孢菌茎腐病的变色部位均匀一致，而炭疽病引起的茎红腐部位呈间断状，中间夹带白色健康组织症状，有的品种花梗上的病斑具明显的凸起状。

【病原特性】

引起高粱根腐和茎腐病的致病菌，主要有以下几种半知菌亚门镰孢属真菌：

（1）串珠镰孢菌，有性态为藤仓赤霉菌。

（2）亚粘团镰孢，有性态为藤仓赤霉亚粘团变种。

（3）禾谷镰孢菌，有性态为玉黍蜀赤霉菌。

引起高粱根茎腐病的主要病菌是串珠镰孢菌，其次是禾谷镰孢菌。

【发病规律】

病菌主要以分生孢子和菌丝体在病株残体上越冬，成为翌年的初侵染菌源，也可通过种传、土传和气传，成为根茎腐病的重要侵染来源。在自然条件下，病菌的繁殖体离开植株残体后仅能存活3个月左右。病菌借机械伤害、虫害及其他原因伤害造成的伤口，侵入高粱的根部和茎部。

在田间，从高粱开花到乳熟期生长阶段，遇高温和干旱天气后随之出现低温潮湿的天气条件，会导致发病严重。土壤高氮低钾，导致植株抗性不良，可加重此病害。田间虫害或其他病害造成植株伤根，易受侵染。高粱品种间的抗病性有明显差异，目前尚未见有高抗的品种；一般晚熟的杂交种较抗倒伏，较为耐病。

【防治要点】

加强耕作与栽培管理是减轻高粱茎腐病发生的重要措施。

（1）加强水分管理。在高粱生长期间，保持充分的土壤水分，提高植株对营养的吸收能力，是控制发病的重要手段。

（2）及时防治病虫害。减少害虫以及其他根部病害侵染造成的伤口，可以大大减少侵染机会，明显地减轻该病的发生。

（3）科学合理施肥。科学合理地施用氮、磷、钾肥，防止偏施氮肥，以保持土壤肥力平衡，可提高植株抗病力。合理密植，减少植株个体间争肥、争水，保证植株生长旺盛，可明显地减少该病的发生。

（4）应用抗病品种。选择种植茎秆健壮、抗病性强的杂交种，可减少倒伏，减轻发病。

（5）生物防治。增产菌能抑制根部有害病原物对植物的危害，具有明显的保健、防病和增产作用。用哈氏木霉菌或绿色木霉等生防菌拌种或穴施具有明显的防治效果。

（十一）高粱炭疽病

高粱炭疽病于 1852 年在意大利首次被报道，此后，在世界各地高粱产区均有发生流行的报道。此病在国内广泛分布于各高粱产区，在温暖多湿的地区流行更为严重，已成为高粱产区的重要病害，对高粱产业的健康发展带来重大影响。高粱炭疽病不仅危害叶片，也可引起茎腐病。

【症状特点】

炭疽病可发生于高粱各生育阶段。以危害叶片为主，也可侵染茎秆、穗梗和籽粒。

在感病品种上，株龄 50 天以上的，其叶片上即开始出现病斑，不同基因型品种上症状有不同。病斑常从叶尖开始发生，较小，大小为（2～4）mm×（1～2）mm，圆形或椭圆形，中央红褐色，边缘依不同高粱品种呈现紫红色、橘黄色、黑紫色或褐色，后期病斑上形成小的黑色分生孢子盘。遇高温、高湿的气候条件，病斑数量增加并互相汇合成片，严重时可致叶片局部枯死。叶鞘上病斑椭圆形至长形，红色、紫色或黑色，其上形成黑色分生孢子盘（图70）。叶片和叶鞘均发病时，常造成落叶和减产。

病菌还可侵染地上部茎基处，引发幼苗发生猝倒病和茎腐病。

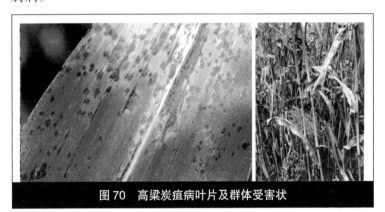

图70　高粱炭疽病叶片及群体受害状

【病原特性】

高粱炭疽病致病菌为禾生刺盘孢菌，属半知菌亚门炭疽菌属真菌。

分生孢子在 10 ~ 40℃ 的温度条件下均能萌发，最适萌发温度为 25 ~ 30℃；菌丝体发育最适温度为 28℃；培养中进行光暗交替处理比连续光照容易产生孢子。

炭疽病菌的寄主范围很广，能侵染多种栽培的或野生的禾谷类作物和杂草，如高粱、玉米、大麦、燕麦、小麦、苏丹草、约翰逊草及许多种杂草。但是，从一种寄主上获得的分离菌未必能侵染另一种寄主。炭疽病菌有生理分化现象,从高粱上分离的炭疽病菌存在不同生理小种。

【发病规律】

高粱炭疽病菌在病株残体、野高粱和杂草上越冬,也可以菌丝体或分生孢子在种子上越冬,成为翌年的初侵染菌源。散落在地表的病株残体中的菌丝体可存活18个月,但离开病株残体的分生孢子或菌丝体仅能存活几天,埋在土壤中的病菌也不能长久存活。在病株残体上的病菌遇到潮湿天气,从分生孢子盘中分泌出粉红色的带有分生孢子的渗出液,分生孢子借风或雨水传播到高粱叶片上,遇水滴萌发产生芽管和附着胞,直接穿透表皮细胞或经气孔侵入叶部组织。田间苗期即可发病,至孕穗期病情急剧发展,叶片上病斑大量出现,后期侵染穗梗和穗颈。

阴天、高湿或多雨天气有利于发病,尤其在籽粒灌浆期最易感病。在高湿、多雨和多露的天气条件下,病斑上易形成分生孢子盘和分生孢子,在温度22℃下约经14小时分生孢子即可成熟。在适宜的温度条件下,高湿、重露或连续降小雨的气候条件致发病重。然而,暴风雨可能会冲刷掉病菌的分生孢子,甚至破坏子实体,可减轻发病。

该病在西南地区常有发生,特别是在连作较为频繁的产区。炭疽病发生频率很高,严重影响高粱产量。

【防治要点】

(1)选用抗病品种。选用和推广适合当地的抗病品种,淘汰感病品种。

(2)加强耕作栽培管理。注意田间卫生,收获后及时清除病残体,并配合深翻,把病残体翻入土壤深层,以减少初侵染菌源。重病地实行与非禾本科作物轮作。加强田间管理,施足基肥，适时追肥，防止后期脱肥，注意通风排水，及时中耕除草，以促进植株健壮生长，提高其抗病能力。

（十二）高粱锈病

锈病是世界性分布的病害，发生于各国高粱产区。此病多发生在美洲中部和南部、亚洲的东南部、印度南部和东非等地。我国西南地区多有发生。遇到利于发病的环境条件，可造成籽粒减产 65%。

【症状特点】

在田间高粱幼苗期一般不发病，通常在植株拔节后开始出现典型症状，主要侵染叶片和穗梗。

叶片发病，在叶片两面散生紫色、红色或黄褐色斑点，其颜色深浅取决于植株的色泽（图 71）。在一般品种上具有过敏性反应，病斑不扩展；在感病品种上，病斑扩展形成暗红褐色、粉状、长约 2 mm 的夏孢子堆。通常夏孢子堆于叶脉间平行排列，表皮破裂后散出红褐色、粉状的夏孢子。后期多在叶背表面上夏孢子堆处生成黑褐色的冬孢子堆。冬孢子堆椭圆形至长椭圆形。

【病原特性】

高粱锈病致病菌为高粱柄锈菌，属担子菌亚门柄锈菌属真菌。

病菌夏孢子堆可在叶片

图 71　高粱锈病叶片受害状

两面生，叶背面较多。高粱锈病菌仅侵染高粱和高粱属植物。

【**发病规律**】

高粱柄锈菌的夏孢子寿命很短，能侵染几种多年生寄生植物及散生的高粱植株，借风传播的夏孢子可到达很远的地方，成为田间初侵染菌源。夏孢子落在根茬芽上和后茬高粱上侵染发病，以后借气流传播重复侵染，尤其遇上间歇的小雨和多露天气利于传播发病。夏孢子在水中萌发长出一根芽管，接触叶表，在芽管顶端形成附着胞，侵染丝通过气孔侵入到寄主细胞。在侵染点附近，细胞间的菌丝大量分枝蔓延，叶片表面初现针头大的褪绿点。在产生孢子前，菌丝聚集在表皮层下的薄壁组织细胞层中，然后菌丝膨大形成夏孢子，经10~14天形成夏孢子堆。

【**防治要点**】

高粱锈病是一种气流传播、大区域发生和流行的病害，防治上必须采取以种植抗病品种为主、栽培防病和药剂防治为辅的综合防治措施。

（1）种植抗病品种。不同品种间抗病性有显著差异，应选择种植在当地生产中表现抗病或中等抗病的品种。

（2）农业防治措施。合理施肥，增施磷钾肥，避免偏施氮肥，以提高植株抗病能力。

（十三）高粱粒霉病

高粱粒霉病是由多种病原真菌引起的高粱籽粒霉变的总称，是高粱上的一种重要病害。在高粱开花至籽粒成熟期，多雨高湿条件利于该病的发生。该病危害高粱籽粒造成直接减产，贮藏期间加重高粱籽粒霉烂。而且，病菌分泌的毒素

图72 高粱粒霉病籽粒受害状

可导致人畜中毒。同时，由于种子带菌引起田间大量死苗，加重损失。

【症状特点】

当高粱进入开花期时病菌开始侵染，但此时侵染频率较低，侵染力可持续到成熟期直至收获为止。主要引起高粱籽粒变小、变轻、发霉、腐烂，影响高粱品质，降低产量，造成损失（图72）。

【病原特性】

引起高粱粒霉病的病原有多种真菌，比较重要的有镰刀菌属、弯孢菌属、茎点菌属、交链孢属和枝孢属等的真菌。它们大多数属于非专性或兼性寄生菌，其优势种类随着地区、年份以及季节的不同而有所变化。

【发病规律】

在高粱籽粒发育期间遇多雨有助于粒霉病的发生。病菌以菌丝体随病残体留在土壤中越冬，翌年春季条件适宜时产生分生孢子。分生孢子侵染植株地下根茎部位，也可通过风、雨或昆虫传播到穗上，从伤口、花丝侵入。发病后，病部又产生大量分生孢子，借风雨传播蔓延，进行再次侵染。病菌发育适宜温度为 25～30℃，相对湿度高于 85% 易于发病。

【防治要点】

（1）种植抗病品种。对粒霉病采用药剂防治一般成本较高，而采用抗病品种则是最实用、有效的防治手段。

（2）农业防治措施。与豆科等作物实行 2 ~ 3 年轮作；避免在低洼阴冷的地块种植高粱；适当调节播种期，尽可能使该病发生的高峰期即孕穗至抽穗期、成熟期避开雨季；合理密植、适时追肥、及时收获、控制螟虫对穗部的为害等措施，均可以减轻粒霉病的发生；采收时果穗水分控制在 18% 以下、脱下的籽粒水分保持在 13% 以下；做到安全贮藏；收获后及时清除病残体和病果穗，减少越冬菌源。

（十四）高粱红条病毒病

高粱红条病毒病是重要的世界性高粱病害，在美国、南美、欧洲、澳大利亚等地发生流行严重。许多一年生和多年生植物如玉米、谷子、高粱、苏丹草和约翰逊草等均可感病。此病危害生育早期的感病品种，可造成减产 50% 以上。近年来，该病害在我国高粱产区普遍发生，局部地区造成严重产量损失。

【症状特点】

在高粱整个生育期均可发生红条病毒病，危害叶、叶鞘、茎秆、穗及穗柄。

生育前期发病，幼叶基部出现淡绿色或浓绿色斑驳或花叶症状；成熟期发病，花叶变窄成淡绿或褪绿条纹。另一明显症状是根据病毒株系、品种和温度的不同，叶片出现斑驳后变红，且可使叶鞘和花梗上斑驳变红。初期病株心叶基部的细脉间出现褪绿小点，断续排列成典型的条点花叶状，后扩展到全叶，叶色浓淡不一，叶肉逐渐失绿变黄或红，最后变成"红条"状。当夜间温度在 16℃ 以下时，易诱发病害症状产生，严重时红色症状扩展并相互汇合变为坏死斑。病斑易受粗叶脉限制，重病叶全部变色，组织脆硬易折，最后病部变

图73 高粱红条病毒病叶片受害状

紫红色干枯（图73）。

被害植株常出现矮化，其矮化程度取决于病毒侵染时植株的生育阶段，以及病毒株系和品种或杂交种的感病性。被害植株的分蘖数、穗数、穗的长度、每穗粒数和大小均有所减少。

【病原特性】

高粱红条病毒病致病病原为玉米矮花叶病毒，属马铃薯Y病毒组。

【发病规律】

约翰逊草广泛分布于各高粱产区，是病毒的越冬寄主。病毒主要生存于约翰逊草的肉质根茎里，翌年从带毒的地下根茎上长出新芽，然后通过蚜虫取食带毒新芽进行传播。在田间，由高粱蚜虫、麦二叉蚜、粟缢管蚜、玉米蚜、桃蚜等以非持久性方式传播。蚜虫在病芽上吸食15秒至1分钟就能获得病毒。传毒蚜虫有20余种，蚜虫可短距离飞翔，也可借风力长距离传播。汁液摩擦也可传毒。高粱种子也能传带病毒引起发病。

温暖湿润的季节有利于蚜虫的繁殖和迁飞，在生长季里成虫蚜出现早和量大的地方发病严重。高粱品种间对矮花叶病毒表现出不同的抗性，感病差异较大。此外，耕作与栽培管理对病害发生影响较大，平地、肥地发病轻，山坡、路边地发病重，生长健壮的植株发病轻。

【防治要点】

防治高粱红条病毒病应以选用抗病品种、加强栽培管理提高植株抗病性等农业措施为基础，采取以治蚜防病、清除毒源等措施为中心的综合防治方法。

（1）利用和选育抗病品种。选用抗病品种是防治高粱红条病毒病的根本途径，各地应加强抗病品种的应用。

（2）栽培防病。加强中耕除草，减少侵染来源，注意水、肥管理，提高高粱抗病性。

（3）治蚜防病。及时防治蚜虫是预防高粱红条病毒病发生与流行的重要措施，为了取得较好的防病效果，治蚜必须及时和彻底。要特别注意，在高粱苗期及时彻底治蚜，消灭初次侵染来源。

三、有机高粱常见虫害防治

高粱上经常发生且危害较重的虫害约有 10 种，其中以地下害虫危害为重。这类害虫食性很杂，为害时间长，从春到秋，从播种到收获，轻者造成缺苗断垄或根系组织被破坏，重者全田毁种。

苗期害虫：高粱自播种萌芽至苗期，主要受蛴螬、蝼蛄、金针虫、地老虎、蛞蝓和根蛆等地下害虫为害。

生长期害虫：高粱生长至成株期为害的害虫，可概分为蛀茎、食叶、害穗和吸汁四类。蛀茎害虫主要有玉米螟等；取食叶片的主要是粘虫；为害穗部的害虫除玉米螟外，还有桃蛀螟、棉铃虫、金龟子类成虫等；吸汁害虫主要有玉米蚜和高粱蚜，还有部分叶螨类等，因为叶螨和蚜虫常是植物病毒病的传毒媒介昆虫，所以其间接危害有时会比直接危害更重。

下面介绍一些西南地区高粱生产上的常见害虫的为害状况、形态特征、生活习性和有机防治要点。

（一）地老虎

地老虎，又名切根虫、夜盗虫，俗称土蚕、地蚕，属鳞翅目夜蛾科，为多食性作物害虫，均以幼虫为害。除危害高粱外，还危害玉米、麦类、薯类、豆类。多种杂草常为其重要寄主。在西南地区尤以小地老虎危害为甚。

【为害状】

地老虎是高粱生产上危害最重的地下害虫之一。主要有小地老虎、黄地老虎、大地老虎等。分布最广泛、危害最严重的是小地老虎。地老虎属多食性害虫，能危害百余种植物，主要以幼虫为害幼苗。幼虫将幼苗近地面的茎部咬断，使整株死亡，早成缺苗断垄。

图74　地老虎幼虫及成虫

【形态特征】

以小地老虎为例进行介绍。成虫：体长 17 ~ 23 mm，翅展 40 ~ 54 mm。雌蛾触角丝状，雄蛾触角双节齿状，分枝渐短仅达触角一半左右；前翅暗褐色，前沿颜色较深，亚基线、内横线、外横线均为暗色中间夹白的波浪形双线，剑纹轮廓黑色；肾纹、环纹暗褐色，边沿黑色，肾纹外侧有1个尖朝外的三角形黑纵斑，亚缘线白色、齿状，内侧有2个尖朝内的三角形黑纵斑，3个斑相对；后翅灰白色，翅脉及边缘黑褐色。卵：高约0.5 mm，宽约0.6 mm，半球形，表面有纵棱和横道，初产时为乳白色，孵化前变为灰褐色。老熟幼虫：体长40～50 mm，黄褐色至黑褐色，体表粗糙，布满龟裂状皱纹和大小不等的黑色颗粒；头部褐色至暗褐色，额区在颅顶相会处形成单峰；腹部第1～8节背面有4个毛片，后方的两个较前方的两个大1倍以上；臀板黄褐色，有2条深褐色纵带。蛹：红褐色至暗褐色，长18～24 mm，腹部第4～7节基部有一圈刻点，在背面的大而深，腹端有1对臀棘。

【生活史及习性】

小地老虎属南北往返迁飞性害虫，春季由低纬度向高纬度、低海拔向高海拔迁飞，秋季则沿相反方向飞回南方。该虫在全国各地发生的世代各异，但无论年发生代数多少，在生产上造成严重危害的均为第一代幼虫。幼虫春季为害多种植物幼苗，秋季为害蔬菜。

1～2龄幼虫昼夜均可群集于幼苗顶心嫩叶处取食为害，3龄后分散。幼虫行动敏捷，有假死性，对光线极为敏感，受到惊扰即蜷缩成团。一般白天潜伏于表土的干湿层之间，夜间出土将植株幼苗从地面处咬断拖入土穴，或咬食未出土的种子，幼苗主茎硬化后改食嫩叶和叶片及生长点。食物不足或寻找越冬场所时有迁移现象。成虫多在15:00时至22:00时羽化，白天潜伏于杂物及缝隙间，黄昏后开始飞翔、觅食，3～4天后交配、产卵。卵散产于低矮叶密的杂草和幼苗上，少数产于枯叶土缝中，近地面处落卵最多，每头雌成虫产卵800～1000粒，多的可达2000粒左右，卵期约5天。幼虫6龄，个别7～8龄。幼虫期在各地相差较大，但第一代多为30～40天。幼虫老熟后在深约5 cm的土室中化蛹，蛹期9～19天。

小地老虎对普通灯光趋性不强，对黑光灯极为敏感，有强烈的趋化性，喜欢酸、甜、酒味和泡桐叶。

【防治方法】

（1）农业防治。清洁田园，铲除高粱地及周边、田埂和路边的杂草；实行春耕耙地、结合整地人工铲埂等，以清除和杀灭虫卵、幼虫和蛹。

（2）物理防治。一是人工捕捉：利用地老虎昼伏夜行的习性，清晨在被害作物周围的地面下，用小木棍等挖出地老虎杀灭。二是灌水淹杀：对于可灌水的苗圃地，在地老虎大量发生时，将其灌水1～2天，可淹死大部分地老虎，或迫使其外逃，再人工进行捕杀。三是泡桐叶诱杀：取较老的泡桐叶，用清水浸湿后，于傍晚放在田间，一般放约100片/667m^2，第2天早上掀开树叶，捉拿幼虫，效果很好。四是堆草诱捕：傍晚时分将新鲜嫩草均匀堆放在田间，一般约80堆/667m^2，第二天清早翻开草堆，捕杀幼虫，连续1周，即可杀灭大部分地老虎幼虫；草堆可3～4天换1次，日晒后洒点清水可以提高诱捕效果。五是糖醋液诱杀：在成虫发生期配制糖醋液（糖∶醋∶酒∶水＝3∶4∶1∶2）置于田间，一般放约10盘/667m^2，也可有效杀灭成虫。六是黑光灯诱杀：在黑光灯下放半盆水，水里放入农药，或是倒入一些废机油，也有很好的杀灭效果。

（二）蝼　蛄

蝼蛄，俗称拉拉蛄、土狗等。在西南地区为害高粱的一般为东方蝼蛄。

【为害状】

蝼蛄以成虫和若虫为害高粱以及其他粮食或经济作物的幼苗、幼根、幼茎及刚播的种子等（图75）。植物被害处呈乱丝或乱麻状。蝼蛄通常栖息于地下，在地表下形成纵横弯曲的隧道，使幼苗、幼根与土壤分离，因失水干枯而死，造成缺苗断垄。

【形态特征】

以东方蝼蛄为例进行介绍。成虫：体长为 30 ~ 35 mm，淡黄色，密生细毛，触角短于体长，前足宽阔粗壮，适于挖掘，属开掘式足；前足胫节末端形同掌状，具 4 齿，跗节 3 节，前足胫节基部内侧有裂缝状的听器，中足无变化，为一般的步行式，后足脚节不发达，其后足胫节背侧内缘有可活动的棘3 ~ 4枚；

图75　高粱幼苗受害状及蝼蛄成虫

覆翅短小，后翅膜质，扇形，广而柔，尾须长。雌虫：产卵器不外露，在土中挖穴产卵，卵数可达 200 ~ 400 粒；卵呈椭圆形，初为白色，后变暗紫色。

产卵后，雌虫有保护卵的习性。刚孵出的若虫，由母虫抚育，至 1 龄后离母虫远去。

【生活史及习性】

东方蝼蛄在西南地区一般一年发生 1 代，以成虫和若虫越冬。越冬成虫于 4 ~ 5 月产卵，越冬若虫 5 ~ 6 月羽化成虫。每头雌虫可产卵 60 余粒，若虫 8 ~ 9 龄，个别 10 龄，成虫寿命 114251 天。成虫有群集性，初孵化的若虫有群集性、趋光性、趋化性、趋粪性、喜湿性。

【防治要点】

（1）农业防治。秋收后深翻土地，压低越冬幼虫基数。施用充分腐熟的有机肥料，可减少蝼蛄产卵。

（2）灯光诱杀。一般在闷热天气，晚上 20:00 ~ 22:00 时用黑光灯诱杀。

（三）金针虫

金针虫是鞘翅目叩头甲科幼虫的总称（图 76），主要有细胸金针虫、沟金针虫等。

【为害状】

金针虫主要为害禾谷类、薯类、豆类、棉、麻、瓜及苜蓿等的幼芽和种子。可咬食刚出土的幼苗，也可钻入已长大的幼苗根里取食为害，被害处不完全被咬断，断口不整齐。还能钻蛀较大的种子及块茎、块根，蛀成孔洞，被害株则干枯而死亡。

图76 金针虫成虫及幼虫

【形态特征】

（1）沟金针虫。成虫：体长 14 ~ 18 mm，深褐色，密生黄色细毛，前胸背板呈半球形隆起。卵：近椭圆形，乳白色。幼虫：金黄色，扁平，体节宽大于长，尾节两侧隆起，有 3 对锯齿状突起，尾端分叉并向上弯曲。蛹：纺锤形，长 19 ~ 22 mm，初期淡绿色，后变褐色。

（2）细胸金针虫。成虫：体细长，体长 8 ~ 9 mm，密生暗褐色短毛。卵：球形，乳白色，直径 0.5 ~ 1 mm。幼虫：淡黄色，体细长，各节长大于宽；尾节圆锥形，背面近前缘两侧各有 1 枚褐色圆斑，末端中间有一红褐色小突起。老熟幼虫：长 20 ~ 25 mm，淡黄色，体细长圆筒形。蛹：长 8 ~ 9 mm，初为乳白色，后变黄色。

【生活史及习性】

（1）沟金针虫。在我国大部分地区，沟金针虫三年完成 1 代，少数个体四年完成 1 代，以成虫和幼虫在土中越冬。因生活历期较长，幼虫发育胚整齐，有世代重叠现象。老熟幼虫 8～9 月在地下 13～20 cm 处化蛹，9 月初羽化为成虫。羽化的成虫当年不出土，直接越冬，第二年 3～4 月上升活动，4 月上旬盛发。雌虫行动缓慢，不能飞翔，有假死性，交尾后于土中 3～7 cm 处产卵，卵期 35 天左右，散产，每头雌虫可产卵 200 余粒。6 月上中旬为卵盛孵期。幼虫在土中活动为害作物根部，10 月中下旬向土壤深层移动越冬，翌春 10 cm 土温达 6℃ 左右时开始上升活动为害。一般春雨较多，土壤湿润，对其发生有利，但土壤含水量过高也不利其生存。秋翻土壤和灌水等都会降低其种群数量，减轻其为害。

（2）细胸金针虫。多数两年完成 1 代，也有一年或 3～4 年完成 1 代的。以幼虫、蛹或成虫在土中 20～40 cm 处越冬，翌年 3 月上中旬开始出土，为害返青麦苗或早播作物，4～5 月为危害盛期。成虫期较长，有世代重叠现象。末龄幼虫在 6～8 月化蛹，蛹期 10 余天，羽化的成虫即在土中潜伏越冬，部分幼虫 11 月下旬越冬。成虫在 3 月开始出土活动，交配后将卵产在 3～7 cm 的土中，每头雌虫可产卵 30～35 粒，卵期 19～36 天。成虫昼伏夜出，有假死性，常群集在腐烂发酵气味较浓的烂草堆和土块下。幼虫耐低温，故春季上升为害早，秋季下降迟。喜钻蛀及转株为害。土温 17℃、土壤含水量 15% 为活动最适条件，喜偏碱性潮湿土壤，在春雨多的年份发生重。

【防治要点】

采用农业防治措施，即秋收后深翻土壤，减少越冬虫源。

（四）蛴螬

蛴螬是金龟子的幼虫，俗名白土蚕。金龟子属鞘翅目金龟科（图77）。

图77 蛴螬及成虫金龟子

【为害状】

成虫和幼虫均可产生危害。幼虫在地下咬断根茎，咬口整齐，或钻蛀块茎、块根；成虫多食害果树、林木叶片。主要为害麦类、玉米、高粱、薯类、豆类、花生、甜菜、棉花、蔬菜、果树等幼苗、种子、幼根或嫩茎。蛴螬为害高粱时，多在高粱幼苗时把茎咬断，致使小苗枯死。为害高粱的种类主要有东北大黑鳃金龟、暗黑鳃金龟等。

【形态特征】

（1）东北大黑鳃金龟。成虫：长椭圆形，体长16～21 mm，体宽8～11 mm，体黑色或黑褐色，有光泽。卵：发育前期长椭圆形，白色稍带绿色光泽，后期圆形，白色有光泽。老熟幼虫：体长35～45 mm，头宽4.9～5.3 mm。蛹：为离蛹，大小为21～24 mm×11～12 mm，初为白色，后变红褐色。

（2）暗黑鳃金龟。成虫：窄长卵形，体长17～22 mm，体宽 9.0 ～ 11.5 mm，被黑色或黑褐色绒毛，无光泽。卵：椭圆形，长 2.5 ～ 2.7 mm，宽 1.5 ～ 2.2 mm，乳白色，后期洁白有光泽。老熟幼虫：体长 35 ～ 45 mm，头宽 5.6 ～ 6.1 mm。蛹：体长 20 ～ 25 mm，宽 10 ～ 12 mm。

【生活史及习性】

（1）东北大黑鳃金龟。在辽宁，东北大黑鳃金龟两年完成 1 代，在黑龙江 2 ～ 3 年完成 1 代，以成虫和幼虫交替越冬。越冬成虫 4 月下旬至 5 月初始见，5 月中下旬为盛发期，9 月上中旬为终见期。6 月中下旬为产卵盛期，每头雌虫平均产卵 100 余粒，卵期平均 19 天。幼虫孵化盛期在 7 月中旬前后，8 月上中旬幼虫开始进入 3 龄，10 月中下旬开始下潜到 55 ～ 145 cm 的土层中越冬。越冬幼虫次年 5 月上旬开始为害作物幼苗地下部分，为害盛期在 5 月下旬至 6 月上旬。化蛹盛期在 8 月中旬前后，蛹期平均 21 天。8 月下旬至 9 月初为羽化盛期，羽化的成虫不出土而越冬，翌年 4 月下旬开始出土活动。有成、幼虫交替越冬、隔年为害现象。成虫昼伏夜出，日落后出土取食。

（2）暗黑鳃金龟。一年发生 1 代，以 3 龄老熟幼虫越冬。6~7 月为成虫发生期，成虫昼伏夜出，有群集性。成虫取食榆、杨、梨、苹果等叶片；幼虫为害各种农作物、苗木地下部分。

【防治要点】

农业防治。秋收后通过深翻土壤、合理轮作、铲除杂草、科学施肥、精耕细作等农业防治措施，可以改变和恶化蛴螬的生存条件，减轻其危害。

（五）蛞　蝓

蛞蝓，又称水蜒蚰、鼻涕虫、泫达虫等，是一种软体动物，雌雄同体，外表看起来像没壳的蜗牛（图78）。其分布面积很广，全球多种农作物都曾遭受其危害。

【形态特征】

蛞蝓像没有壳的蜗牛。成虫：体伸直时体长30～60 mm、体宽4～6 mm，内壳长4 mm、宽2.3 mm；长梭形，柔软、光滑而无外壳，体表暗黑色、暗灰色、黄白色或灰红色。触角2对，暗黑色，下边一对短，约1 mm，称前触角，有感觉作用；上边一对长约4 mm，称后触角，端部具眼；口腔内有角质齿舌。体背前端具外套膜，为体长的1/3，边缘卷起，其内有退化的贝壳（即盾板），上有明显的同心圆线，即生长线；同心圆线中心在外套膜后端偏右；呼吸孔在体右侧前方，其上有细小的色线环绕；黏液无色；在右触角后方约2 mm处为生殖孔。卵：椭圆形，富有弹性，直径2～2.5 mm，白色透明可见卵核，近孵化时色变深。幼虫：初孵体长2～2.5 mm，淡褐色，体形同成体。

图78　蛞　蝓

【生活史及习性】

以成虫体或幼体在作物根部下湿土越冬。5～7月在田间大量活动为害。入夏气温升高，活动减弱，秋季气候凉爽后，又活动为害。完成1个世代约需250天。5～7月产卵，卵期16～17天，从孵化至成贝性成熟约需55天。成贝产卵期可长达160天。野蛞蝓雌雄同体，异体受精，亦可同体受精繁殖。卵产于湿度大且隐蔽的土缝中，每隔1～2天产卵1次，1～32粒，每处产卵10粒左右，平均产卵量为400余粒。野蛞蝓怕光，强光下2～3小时即死亡，因此均夜间活动，从傍晚开始出动，22:00～23:00时达高峰，清晨之前又陆续潜入土中或隐蔽处。耐饥力强，在食物缺乏或不良条件下能不吃不动。阴暗潮湿的环境易于大发生。当气温11.5～18.5℃、土壤含水量20%～30%时，其生长发育最为有利。

【防治要点】

（1）在秋季，及时清理和深翻田地，杀死蛞蝓越冬成虫和卵。春季种植作物时，选向阳、排水良好的田地。用腐熟的有机肥可以减少虫源。

（2）采取覆盖塑料薄膜的方式，阻止蛞蝓爬出地面，使其因温度胁迫和食物来源缺乏而死亡。

（3）22:00～23:00时蛞蝓活动高峰时段，借助手电筒、矿灯等光源进行人工捡拾。

（4）蛞蝓对甜、香、腥气味有一定的趋性。傍晚在苗地及周边撒幼嫩莴笋叶、白菜叶等有气味食物，清晨揭开引诱物进行人工捕杀。

（5）可在苗床地和大田撒施石灰粉、草木灰、具芒麦糠、谷皮等杀死蛞蝓。

（6）可将蛙类引入田地中防治蛞蝓。

（六）大灰象甲

大灰象甲是鞘翅目象虫科的一种害虫。

【为害状】

成虫可取食高粱等粮食作物，以及棉花、麻类、花生、豆类、牧草等的嫩叶、茎，使植物组织受损，植株出现缺刻或孔洞，大田可能缺苗断垄。幼虫取食腐殖质和植物根系，为害作物根部。

【形态特征】

成虫：体长 7.3 ~ 12.1 mm，体宽 3.2 ~ 5.2 mm，体黑色，密覆灰白色具金黄色光泽的鳞片和褐色鳞片；雄虫宽卵形，胸部窄长，鞘翅末端不缢缩，钝圆锥形；雌虫椭圆形，腹部膨大，胸部宽短，鞘翅末端缢缩，且较尖锐。卵：长椭圆形，长约 1 mm，宽 0.4 mm，初产时乳白色，两端半透明，2 ~ 3 天后变暗，孵化前乳黄色。老熟幼虫：体长约 14 mm，乳白色。蛹：长椭圆形，长 9 ~ 10 mm，乳黄色。

【生活史及习性】

大灰象甲两年发生一代，第二年以幼虫越冬，第2年以成虫越冬。成虫不能飞，主要靠爬行转移，动作迟缓，有假死性。翌年3月开始出土活动，取食杂草。白天多栖息于土缝或叶背，清晨、傍晚和夜间活跃。4月中下旬从土中钻出，群集于幼苗取食。5月下旬开始产卵，成块产于叶片，6月下旬陆续孵化。幼虫期生活于土内，取食腐殖质和须根。随温度下降，幼虫下移，9月下旬移至土 60 ~ 100 cm 深处筑土室越冬。翌年春季越冬幼虫上升至表土层继续取食，6月下旬开始化蛹，7月中旬羽化为成虫，在原地越冬。

【防治要点】

秋收后，通过深翻土壤、冬灌水、精耕细作等农业防治措施，改变大灰象甲的生存条件，降低其虫口密度，减轻危害。或在成虫为害期，于 9:00 前或 16:00 后进行人工捕捉。

（七）玉米螟

玉米螟，又名钻心虫、箭秆虫等，是世界性的害虫。我国玉米螟优势种类为亚洲玉米螟，在玉米、高粱种植地区均有发生。

【为害状】

亚洲玉米螟食性很杂，寄主植物有数十种，主要为害玉米、高粱、谷子、棉、麻及豆类等作物。玉米螟以幼虫蛀茎为害。初龄幼虫蛀食嫩叶形成排孔花叶，3 龄以上幼虫蛀入茎秆。受害高粱营养及水分输导受阻，长势衰弱、茎秆易折，造成减产（图 79）。

图 79　玉米螟及高粱受害状

【形态特征】

成虫：雄蛾体长 13 ～ 14 mm，翅展 22 ～ 28 mm，黄褐色；雌蛾体长 14 ～ 15 mm，翅展 28 ～ 34 mm，体鲜黄色。卵：扁平，椭圆形，常 15 ～ 60 粒排列成鱼鳞状卵块。老熟幼虫：体长 20 ～ 30 mm，头部深棕色，体背淡灰色或略带淡红褐色。蛹：纺锤形，黄褐色至红褐色，尾端有 5 ～ 8 根向上弯曲的刺毛。

【生活史及习性】

玉米螟一年发生的代数随纬度变化而异，在我国东北及西北地区 1 ～ 2 代，华北平原 2 ～ 4 代，江汉平原 4 ～ 5 代，广东、广西、海南及台湾 5 ～ 7 代，各地均以最后 1 代成熟滞育幼虫在作物根茬、秸秆内越冬。1 代螟产卵盛期正值高粱拔节期，是玉米螟危害的主要时期。成虫白天潜伏于茂密作物和杂草间，夜间交配产卵，卵产于叶背面近中脉处。幼虫集中于心叶取食，形成花叶或链珠状孔。

【防治要点】

（1）农业防治。处理越冬寄主秸秆，在春季越冬幼虫化蛹羽化前处理完毕，压低虫源基数。各地可因地制宜地采用高温沤肥、秸秆还田、白僵菌封垛等措施，减少发生基数，降低发生程度。

（2）物理防治。根据玉米螟成虫趋光性强的特性，于玉米螟成虫羽化初期开始，选用频振式杀虫灯或高压诱虫汞灯诱杀成虫。灯距 100 ～ 150 m，灯下建一直径 1.2 m、深 12 cm 圆形捕虫水池，池中盛肥皂水。每晚 21:00 时到次日 4:00 时开灯。

（3）生物防治。①白僵菌粉剂封垛。在早春玉米螟越冬幼虫化蛹前，将白僵菌粉喷于高粱秸秆垛，用量为 100 g/m³。②释放赤眼蜂。在高粱生长季放蜂 2 ～ 3 次。在玉米螟一年发生2代以上地区,可在螟虫产卵初始期、盛期和末期各放赤眼蜂1次。一般放蜂2次,玉米螟产卵初期,田间百株高粱上玉米螟虫卵块达2～3块时进行第1次放蜂,5～7天进行第2次放蜂。每次放蜂量视虫情程度决定,一般每次多点释放,放蜂2万头/667m²。

(八)粘 虫

粘虫,又名东方粘虫,俗称行军虫、五花虫、剃枝虫等,为我国农作物的重要迁飞性害虫,主要为害多种禾谷类作物。粘虫是一种多食性间歇发生的暴食性害虫,大发生时可在一两天内吃光大片作物,造成严重损失。

【为害状】

粘虫以幼虫为害植物,低龄幼虫潜伏在心叶中啃食叶肉成孔洞。3龄以上幼虫为害叶片后,叶片呈现不规则缺刻(图80)。暴食时,可吃光叶片,只剩主脉,再结队转移到其他田为害,损失较大。

图80　粘虫及高粱受害状

【形态特征】

成虫：体长 17 ～ 20 mm，翅展 35 ～ 45 mm，淡褐色或黄褐色。卵：半球形，直径约 0.5 mm，初产乳白色，后转黄褐色，孵化前灰黑色，有光泽。幼虫：体色多变，背面的底色有浅黄绿色、灰绿色、黑褐色至黑色，大发生时多呈黑色。老熟幼虫：体长 35 ～ 38 mm。蛹：黄褐色至红褐色，长 19 ～ 23 mm。

【生活史及习性】

粘虫生长发育过程无滞育现象，条件适宜可终年繁殖为害。发生世代随地理纬度及海拔高度而异，冬季生活状态也不同。成虫有远距离迁飞习性，每年有规律地进行南、北往返远距离迁飞，从而构成各发生区虫源的紧密衔接。成虫喜食蜜露，羽化后必须进行营养补充方可正常产卵繁殖。白天栖息在植株间，傍晚出来活动。成虫喜选择生长茂密的农田，将卵块产在叶尖及枯黄的叶片上，并分泌胶质物将卵裹住。每块卵 10 余粒至数百粒，每头雌虫产卵多时，可达 1000 ～ 3000 粒，卵期 3 ～ 6 天。幼虫 6 个龄期，22 ～ 25 天。初孵幼虫怕光，集聚在心叶内为害，3 龄后食量大增，4 ～ 6 龄为暴食期，食量占总量的 90% 以上。幼虫老熟后爬至根部 3 ～ 5 cm 处作土茧化蛹，蛹期 9 ～ 11 天。粘虫生存最适温度为 19 ～ 23℃、相对湿度为 50% ～ 80%；气温高至 30℃ 以上，产卵量降低。在蛹羽化及卵盛孵期，雨水过多不利其存活。

【防治要点】

防治粘虫要搞好预测预报，早期发现，及时防治。

（1）农业防治。在越冬区，结合种植业结构调整，合理调整作物布局，减少小麦种植面积，压低越冬虫量；秋季结合作物的中耕，铲除杂草，控制 3 代粘虫，减少越冬虫源，降低第 1 代发生区的发生程度。在 1 ～ 3 代发生危害区，通过合理密植,加强田间水、肥管理等,控制田间小气候,降低卵的孵化率和幼虫存活率。

(2)诱杀防治。成虫发生期,在田间插各种草把(稻草把、玉米干叶把等)诱蛾产卵,将卵定期集中烧毁处理,或采取其他人工采卵方式,明显降低田间虫口密度。

(3)药剂防治。用清源保或卫保800~1000倍液,或印楝素800~1000倍液喷施防治。

(4)生物防治。应用苏云金杆菌、中华卵索线虫、粘虫核型多角体病毒制剂等生物杀虫剂进行防治,其效果较好。

(九)高粱蚜

高粱蚜主要为害高粱及甘蔗,还可寄生在荻草上。

【为害状】

初发期,高粱蚜多在下部叶片为害,逐渐向植株上部叶片扩散。高粱叶背布满虫体,分泌的大量蜜露滴落在下部叶面和茎上,其油亮发光,故称"起油珠"。由此,影响植株光合作用及正常生长,造成高粱叶色变红、"秃脖"、"瞎尖",穗小粒少(图81),籽粒单宁含量高,米质涩,严重影响高粱的产量与品质。

图81 蚜虫及高粱受害状

【**形态特征**】

无翅孤雌蚜：黄色或紫色，体长 1.5 ~ 2.0 mm，触角约为体长的 1/2。有翅孤雌蚜：淡黄色或淡紫色，体长 1.5 mm，触角约为体长的 2/3。卵：椭圆形，漆黑色，长约 0.5 mm。

【**生活史及习性**】

高粱蚜发生世代短，繁殖快，北方以卵在荻草上越冬，南方以成虫及若虫在被害株的茎秆及叶鞘内越冬，广西南部全年都可繁殖危害。越冬卵孵化后，在荻草繁殖 1 ~ 2 代后迁往高粱田，在高粱上可繁殖 10 余代；9 月回迁至荻草上，产卵越冬。在高粱上繁殖初期多发生在下部，盛发后蔓延至上部，发生量大时，每株可达万头以上；严重发生年份造成全田绝产。高粱蚜的发生和数量受多种环境因素影响，以气象和天敌因素最为密切，春夏干旱极易导致大发生。

【**防治方法**】

（1）种植抗病品种。本地红缨子、红青壳、黔高 8 号等，对高粱蚜具有一定抗性，应因地制宜选用相应的抗虫品种。

（2）农业防治。可采用高粱、大豆间作，改善田间小气候，控制高粱蚜繁殖为害；清除田间、沟渠杂草，以减少虫源。

（3）药剂防治。用清源保或卫保 800 ~ 1000 倍液，印楝素 800 ~ 1000 倍液喷施防治。

（十）高粱叶螨

高粱叶螨，又名高粱红蜘蛛，俗称火蜘蛛、红砂火龙等。在我国，高粱叶螨有多种，主要有截形叶螨、朱砂叶螨和二斑叶螨。在世界温暖地区均有高粱叶螨危害发生的报道，我国各高粱产区都有不同程度的发生，以干旱年份发生较重。

【为害状】

以成螨、若螨先在高粱植株下部为害叶片，逐渐向上部叶片转移。群集于高粱叶背刺吸组织汁液。受害叶片出现红色斑点，不能进行正常的光合作用。在适宜的气候条件下扩展到整株叶背至叶面、茎秆，受害叶片呈红色，枯死。严重发生时，虫口密度大，布满整个植株，呈火烧状（图82）。严重影响高粱产量，甚至绝收。

图82　叶螨及高粱叶片受害状

【形态特征】

雌螨：椭圆形，截形叶螨和朱砂叶螨为深红色或锈红色，二斑叶螨为淡黄或黄绿色，足4对，体背侧有黑色斑纹，背毛12对，肛毛和肛侧毛各2对，无臀毛。幼螨：蜕皮后为若螨，分幼螨和若螨2个时期；足4对，体形、体色与成螨相似仅体小，无生殖皱襞，复毛少；初孵幼螨近圆形，长约0.18 mm，体色透明或淡黄，取食后变淡绿色，足3对。雄螨：红色或淡红色，形态特征与雌螨同，阳具弯曲且背面形成端锤，其近侧突起尖利或稍圆，远侧突起尖利，两者长度几乎相等。卵圆球形，直径约 0.13 mm；新产的卵无色透明，后变橙色，孵化前可出现红色眼点。

【生活史及习性】

以受精雌成螨聚集在高粱、玉米、茄子、豆类等作物的枯枝落叶内、杂草根际和土壤裂缝中越冬。翌年春天先在杂草、小麦上取食活动。5 日平均气温大于 7℃，越冬成螨开始产卵，螨卵散产在叶背中脉附近或新吐的丝网上。早春平均单雌产卵量 30 粒，夏季 100 粒左右。5 日平均气温大于 12℃时第一代卵开始孵化，发育至若螨或成螨时正值春高粱出苗期，5 月中旬至 6 月上旬迁往高粱、玉米田危害。高粱叶螨一般行两性生殖，也可不经交配行孤雌生殖，其后代多为雌性。最适繁殖危害温度为 23℃。繁殖一代需 10～27 天，一年发生 10～20代。整个生长季世代重叠。

高粱叶螨的发生与气候及种植方式关系密切。干旱少雨，虫量迅速上升。若 7 月干旱少雨，条件适宜，虫害则迅速蔓延至全田。降雨强度大，可冲刷大量叶螨，致种群密度低，虫口上升慢。高粱叶螨的天敌很多，主要有小花蝽、深点食螨瓢虫、黑襟毛瓢虫、塔六点蓟马、中华草蛉、大草蛉、丽草蛉、草间小黑蛛等，它们对控制高粱叶螨具有一定作用。不同高粱品种间的抗螨性存在明显的差异。高粱叶螨除为害高粱外，还为害棉花、玉米、谷子、豆类、瓜类、麻类、辣椒、茄子等。

【防治方法】

（1）农业防治。清除田埂、路边和田间的杂草及枯枝落叶，耕整土地以消灭越冬虫源和早春寄主。严重高发地区，应避免与大豆、蔬菜作物间作套种。推广种植高抗和抗螨品种，淘汰高感品种。高温期适时灌溉，增加高粱田相对湿度，抑制叶螨的繁殖。

（2）物理防治。利用叶螨对黄色、蓝色的趋性，在叶螨迁入农田初期到盛发期，于高粱田边、行间插置诱虫板诱杀高粱叶螨。

（3）生物防治。利用有效天敌如长毛钝绥螨、塔六点蓟马和深点食螨瓢虫等对高粱叶螨的控制作用，有条件的地方可保护或引进释放。当田间的益害比为 1 :（10 ~ 15）时，一般在 6 ~ 7 天后，害螨将下降 90% 以上。

（十一）棉铃虫

棉铃虫，又称高粱穗螟，为世界性害虫，在我国各地均有分布。近年来，棉铃虫对高粱、玉米等作物的危害加剧，已成为我国高粱、玉米生产上的主要害虫之一（图 83）。

【为害状】

棉铃虫可为害高粱、玉米、棉花、小麦、番茄、茄子、芝麻、向日葵、豇豆等多种植物。在高粱上，棉铃虫主要以幼虫取食穗部籽粒和叶片为害高粱。取食量明显较玉米螟大，大发生时几乎把高粱籽粒吃光，造成严重产量损失。

图 83　棉铃虫幼虫及成虫

【形态特征】

成虫：体长 14 ~ 18 mm，翅展 30 ~ 38 mm，一般雌虫黄褐色，雄虫灰绿色。卵：直径 0.5 ~ 0.8 mm，初产时乳白色。老熟幼虫：体长 40 ~ 45 mm，头部黄绿色，有不规则的网状纹，体色有淡红、黄白、淡绿、绿等几种颜色。蛹：体长 17 ~ 20 mm，腹部第 5 ~ 7 节各节前缘密布环状刻点。

【生活史及习性】

棉铃虫发生的代数因年份和地区而异。以蛹在土中 5 ~ 10 cm 处越冬，春季气温达 15℃以上时开始羽化。卵多产在高粱穗上。一般第一代幼虫为害小麦、豌豆、芝麻等，以后各代幼虫为害棉花、玉米、高粱等。初龄幼虫取食嫩尖或嫩叶，2 ~ 3 龄后幼虫蛀食高粱小穗，也能转移危害。成虫夜间有趋光和趋杨树枝的习性，转移时间多在夜间和清晨。早晨露水干后至 9:00 时前，幼虫常在叶面静伏，触动苗木即会摇落于地面，是人工捕捉的好时机。

【防治方法】

（1）农业防治。秋后进行土壤深耕和冬灌，可有效杀灭土壤中的越冬蛹，压低越冬虫口基数。坚持系统调查和监测，控制 1 代发生量。保护、利用天敌，科学合理用药，控制 2、3 代密度。利用棉铃虫成虫喜欢在玉米、高粱喇叭口期栖息并产卵的习性，每天清晨专人抽打心叶，消灭成虫，减少虫源。

（2）诱卵诱虫防治。在玉米、高粱田周边种植洋葱、胡萝卜，能够诱集大量棉铃虫成虫，通过及时施药集中灭杀；或利用高压汞灯及频振式杀虫灯、性诱剂技术诱杀成虫；或利用棉铃虫成虫对杨树叶挥发物具有趋性和白天在杨树枝内隐藏的特点，于成虫羽化、产卵时，摆放杨树枝把诱蛾，等等，都是行之有效的方法。

（3）生物防治。在棉铃虫产卵盛期，释放人工繁殖的赤眼蜂，能有效降低幼虫数量；喷施 Bt 乳剂或棉铃虫核型多角体病毒制剂 1000 倍液，也有较好的防治效果。

（十二）桃蛀螟

桃蛀螟，又称桃蛀野螟、桃斑螟、豹纹斑螟、豹纹蛾，俗称蛀心虫，全国多数地区均有发生，是一种食性极杂的害虫。

【为害状】

桃蛀螟可为害玉米、高粱、大豆、向日葵、棉花等多种作物等。为害高粱时，成虫把卵产在吐穗扬花的高粱穗上，每穗产卵 3 ~ 5 粒。初孵幼虫蛀入高粱幼嫩籽粒内，用粪便或食物残渣把口封住，在其内蛀害，吃空一粒又转一粒，直至 3 龄前。3 龄后吐丝结网缀合小穗，中间留有隧道，在里面穿行啃食籽粒，严重时把高粱籽粒蛀食一空（图 84）。此外还可蛀秆，为害情况如同玉米螟。桃蛀螟是高粱穗期的重要害虫。

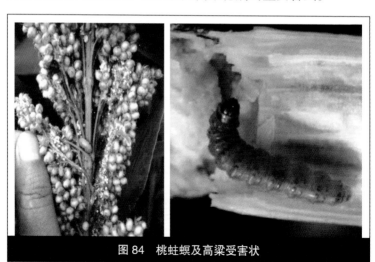

图 84　桃蛀螟及高粱受害状

【形态特征】

成虫：翅展 20 ～ 26 mm，草黄色。卵：椭圆形，稍扁平，长 0.6 ～ 0.7 mm，宽 0.3 mm；单产，初产时乳白色，后变米黄色，孵化前暗红色。老熟幼虫：体长 22 ～ 25 mm，淡桃红色，透绿色光泽。蛹：体长 10 ～ 15 mm，深褐色。

【生活史及习性】

桃蛀螟每年发生代数因地而异，如我国华北地区一年发生 3 ～ 4 代，华中地区一年发生 5 代。主要以老熟幼虫在玉米和高粱秸秆、树皮裂缝、向日葵盘、被害浆果、坝（堰）的乱石缝隙等处越冬，越冬幼虫于翌年 4 ～ 5 月化蛹羽化。各代成虫无明显羽化高峰期。6 月底至 7 月上旬第 1 代成虫除在苹果、晚熟桃、石榴等果树上产卵为害外，部分转至穗期春玉米、春高粱、早熟向日葵上产卵为害。第 2、3 代成虫在夏玉米、晚播高粱、向日葵上产卵为害。9 月中旬至 10 月上旬为第 4 代幼虫发生为害期。之后，随气温下降，幼虫转入越冬。

近年来，随着种植业结构的调整，各地果树和经济作物的种植面积增大，为一代桃蛀螟提供了充足的食料，夏玉米播期的推后，或种植生育期较长的玉米品种，以及品种的多样化，为桃蛀螟提供了更为优越的继代繁殖条件，即形成了桃蛀螟在果树、夏玉米、高粱、果树转移为害的良好生态食物链，这是玉米、高粱田桃蛀螟逐年加重的主要因素。

【防治方法】

（1）农业防治。高粱成熟后及时收获，及时脱粒晾晒。种植高粱、向日葵的地区，对种穗、葵盘要及时收获脱粒，以消灭越冬幼虫。果园区，秋季结合清园搜集落地虫果集中深埋，冬季刮除桃、李、梨等寄主植物的粗翘皮并集中烧毁，用泥浆封堵树木缝隙、洞穴，或用石灰浆将树干刷白等，以消灭越冬老熟幼虫，减少来年虫源。

（2）物理防治。利用黑光灯、高压汞灯等在春季诱杀越冬代成虫。

（3）性诱剂诱杀。利用人工合成的桃蛀螟性信息素诱芯田间诱杀成虫。

（4）生物防治。用生物农药如苏云金芽孢杆菌、白僵菌、青虫菌等制剂喷雾防治。

（十三）高粱芒蝇

高粱芒蝇，又名高粱秆蝇，俗称蛀秆蝇，是严重危害高粱的害虫，以幼虫为害高粱苗，造成枯心，因此，又叫"抽心子"。主要分布于湖北、湖南、四川、贵州、云南、广东和广西等地。

【为害状】

受高粱芒蝇幼虫为害，被害植株典型症状为死心、死苗、分蘖增多，不能正常抽穗和结实。初孵幼虫由心叶间隙钻入生长点附近取食，造成幼苗生长点坏死，导致心叶枯萎或死亡，呈"死心"状。枯死心叶易从心叶基部断裂、易拔出，并有腥臭味。高粱出苗后 1～4 周是芒蝇最严重为害期。高粱苗期被害后，生育期推迟，植株矮小，分蘖增多，致成株期失去授粉时机，影响繁育和制种（图 85）。严重时枯心率高达 60%～70%，甚至绝收。

【形态特征】

成虫：体长 3～4 mm，体黄褐色、灰黄色，背面有 3 条灰黑色纵纹。卵：白色，椭圆形，大小为 0.8～1.2 mm×0.2 mm，中央纵行隆起，具网状纹。成熟幼虫（3 龄）：体长 8～10 mm，蛆形，初浅黄白色半透明，腹末暗色，老熟时黄色或鲜黄色。蛹：长 3.5～5 mm，棕红色至棕黑色，圆筒形，前端平截边缘隆起似桶盖。

【生活习性】

高粱芒蝇每年发生代数因地而异，少则 5 ~ 6 代，多则 11 ~ 12 代，有世代重叠现象。以幼虫或蛹在生育后期高粱的分蘖苗里及土壤中越冬。华南南部地区可终年活动，无越冬现象，但生长发育进度迟缓。在有越冬的地区，多以老熟幼虫在土壤中越冬（四川也有以蛹越冬），翌年化蛹羽化为成虫出土，一般蛹期 7 天左右。雌成虫对腐臭鱼虾等发酵物质有强烈趋性。每只雌蝇一生可产卵 24 ~ 34 粒，多把卵散产在心叶最

图 85　芒蝇成虫、幼虫及高粱受害状

里边的 3 片叶背面，每株 1 ～ 3 粒，卵孵化期 2 ～ 3 天。产卵盛期若与高粱苗期相吻合，发生危害就重。卵孵化为幼虫后，初孵化幼虫从叶片向叶鞘或心叶爬行移动，从心叶缝侵入为害幼苗生长点。幼虫以腐烂的植物组织为食，幼虫期 7 ～ 10 天。植株在 5 叶期前被害致成枯心苗，或丛生分蘖，主茎生长停滞；5 叶期后至孕穗期被害，除造成枯心苗外，还影响穗部的发育和抽穗。幼虫有假死习性，不转株危害。高湿或叶片有露水时，利于幼虫蛀入成活，但对成虫产卵的寿命有不利影响。心叶维管束细胞壁厚、木质化程度高、最早三片叶鞘外表皮的三氧化硅体排列紧的品种受害轻。

【防治方法】

（1）农业防治。因地制宜选用抗虫品种。调整播种期，将高粱苗期与高粱芒蝇产卵盛期错开。早匀苗、晚定苗，及时拔除枯心苗以减少虫源。高粱收获后深翻土壤，破坏越冬场所，减少翌年虫源。冬季结合积肥，除去分蘖苗、高粱根和自生高粱，使成虫冬季不能产卵繁殖或幼虫死亡，从而减少次年早春虫源。

（2）物理防治。利用成虫的趋化性进行诱杀。用糖醋液、腐臭动物或鱼粉，分别加 1% 敌百虫液，配制成毒饵，诱杀成虫，效果很好。招引、培养和保护天敌，如寄虫蜂、瓢虫、蜘蛛和细菌等，用天敌控制高粱芒蝇。

参考文献

蔡炎 . 有机高粱飘盘育苗简易技术 [J]. 农技服务，2012（12）：1279–1279.

蔡炎，王小波，雷文权，等 . 酒用有机糯高粱育苗技术规程 :DB520382/T 12–2015 [S/OL]. 仁怀市市场监督管理局 [2017–05–18]. http://www.rh. gov.cn/doc/2017/ 05/18/397804.shtml

冯文豪，赵应，蔡炎 . 有机高粱需肥特性初探 [J]. 耕作与栽培，2011（2）：50–51.

雷文权，蔡炎，王小波，等 . 酒用有机糯高粱品种选用及种子选育、繁育和检验检疫技术规程 :DB520382/T 11–2015 [S/OL]. 仁怀市市场监督管理局 [2017–05–18]. http://www.rh.gov.cn/ doc/2017/05/18/397804.shtml

雷显其，雷文权，郭学健，等 . 高粱品种在不同海拔地区的产量与性状表现 [J]. 贵州农业科学，2008（4）：85–86.

彭秋，邓小锋，李青凤，等 . 优质酿造糯高粱黔高 8 号的选育及推广应用 [J]. 贵州农业科学，2015（9）：20–22.

钱小刚，陆引罡，等 . 贵州酒用高粱对氮磷钾养分的吸收规律 [J]. 土壤通报，1997（1）：31–33.

邵明群，周开方，等 . 有机高粱不同播种期种植对产量的影响 [J]. 农业开发与装备，2014（5）：60.

王小波，蔡炎，雷文权，等 . 酒用有机糯高粱种植技术规程 :DB520382/T 13–2015 [S/OL]. 仁怀市市场监督管理局 [2017–05–18]. http://www.rh. gov.cn/doc/2017/05/18/397804.shtml

席运官，钦佩，等．有机农业生产基地建设的理论与方法探析 [J]. 中国生态农业学报，2005（1）：19-22.

徐海英，赵应，章洁琼．有机高粱与不同作物间作对群体产量及效益的影响 [J]. 耕作与栽培，2016（2）：27-29.

徐秀德，刘志恒．高粱病虫害原色图鉴 [M]. 北京：中国农业科学技术出版社，2012.

赵甘霖，丁国祥，等．宽窄行和等行距条件下高粱种植密度与产量的关系研究 [J]. 农学学报，2013（8）：11-13.

周开芳，雷文权．不同育苗方式对高粱产量的影响 [J]. 贵州农业科学，2006（5）：86-87.